基金项目：
教育部人文社会科学研究青年基金项目（编号：19YJC850005）
“楠溪江流域传统村落景观资源空间形态与保护研究”
温州市哲学社会科学规划课题（编号：18wsk189）
“楠溪江流域中游传统村落文化地理特征研究”

谱写山水诗·绘景桃花源

图解楠溪江流域传统村落（上）

胡春 刘益曦◎著

中国農業大學出版社
CHINA AGRICULTURAL UNIVERSITY PRESS
·北京·

内 容 简 介

楠溪江流域传统村落是我国优秀的历史文化遗产，几乎包括了商品经济发展之前中国南方汉族聚居村落的全部建筑类型。本书以保存较为完整、古村落发育程度较好的楠溪江流域中游典型传统村落为研究对象，采用生动形象、诙谐幽默的手绘图方式解读传统村落和传统民居的文化地理特征。书内包括5个乡镇传统村庄的手绘地图及每个村庄核心景点或古建筑的设计解读，整理绘制了大量节点平立面图，以期为楠溪江流域传统村落研究提供借鉴和参考。

图书在版编目（CIP）数据

谱写山水诗·绘景桃花源：图解楠溪江流域传统村落. 上/胡春，刘益曦著. —北京：中国农业大学出版社，2019.11

ISBN 978-7-5655-2304-5

Ⅰ.①谱… Ⅱ.①胡… ②刘… Ⅲ.①村落—建筑艺术—永嘉县—图解 Ⅳ.①TU-862

中国版本图书馆CIP数据核字（2019）第240105号

书 名 谱写山水诗·绘景桃花源：图解楠溪江流域传统村落（上）

作 者 胡 春 刘益曦 著

策划编辑 张 玉　　**责任编辑** 张 玉

封面设计 李尘工作室

出版发行 中国农业大学出版社

社 址 北京市海淀区圆明园西路2号　　**邮政编码** 100193

电 话 发行部 010-62733489, 1190　　读者服务部 010-62732336

编辑部 010-62732617, 2618　　出 版 部 010-62733440

网 址 http：//www.caupress.cn　　**E-mail** cbsszs@cau.edu.cn

经 销 新华书店

印 刷 涿州市星河印刷有限公司

版 次 2020年1月第1版 2020年1月第1次印刷

规 格 787×1 092 16开本 7.5印张 180千字

定 价 75.00元

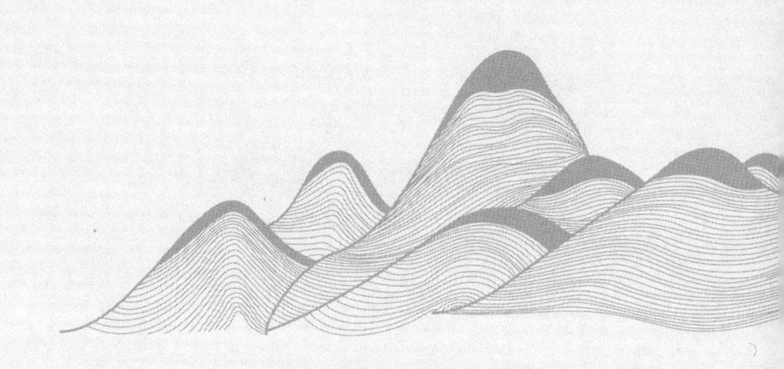

前言

随着城镇化的快速推进，传统村落正在不断消失，为了更好地保护传统村落，2012 年 12 月，住房和城乡建设部、文化部（2018 年 3 月文化部和国家旅游局合并为文化和旅游部）、财政部三部门联合发文建立了《中国传统村落名录》，并公布其评选标准。截至 2019 年 6 月，共有 5 批传统村落列入中国传统村落名录，数量已达到 6 819 个。我国对传统村落的研究始于 20 世纪 80 年代，随着学科融合与技术提升，传统村落的研究已经逐渐从单一乡土建筑研究转变到聚落空间研究，并以空间结构形态特征研究为主（佟玉权，2014；曹迎春等，2013）。近年来，传统村落从文化地理学视角出发，运用 GIS 等相关技术对传统村落空间分布格局及其影响因素进行分析（纪小美，2015；佟玉权，2014）。以肖大威、田根生教授为代表的华南理工大学建筑学院教师及研究生对广东、海南、中原省份等地区的传统村落和民居的空间形态和建筑做了系统研究，形成了完整的理论体系（张东，2016；冯志丰，2014）。地理学、建筑学、规划学、旅游学、社会学等多学科融合和交叉渗透研究，使得古村落的研究更加系统化、数据化、科学化，研究尺度进一步扩展。

楠溪江流域的传统村落展现了中国农业聚落的完整的谱系，几乎包括了商品经济发展之前中国南方汉族聚居村落里可能有的全部建筑类型，并具有历史悠久、保存较为完整、文化内涵丰富、建筑类型多样、空间布局和谐等特点，形成了一个既相对独立，又特点鲜明的建筑文化圈，是我国乡土文化宝库中的重要内容，被清华大学陈志华教授称为民族的瑰宝。在对楠溪江流域的传统村落研究方面，清华大学陈志华教授在 20 世纪 90 年代开展了较为系统的调查，出版了《楠溪江中游古村落》、《楠溪江上游古村落》、《楠溪江乡土建筑研究和保护》等研究成果。但是限于当时的技术手段，只是对部分乡土建筑与文化进行了梳理，并留有照片和部分测绘，对于村落的聚落空间研究较少。2003 年出版的《中国文化遗产

名录——楠溪江宗族村落》（潘嘉来，2003）把古村落和宗族制度、社会结构、民俗风情、地主文化联系在一起进行初步探讨。接下来的学者则更将研究集中在开发现状与对策研究（周礼铭，2017；黄笑丹，2017；陈倩倩，2016；谢丽曼，2015）、人与村落环境关系研究（李聆睿，2016；辛建欣，2014；邱国珍，2001）、传统聚落景观类型与特点研究（黄琴诗等，2016；黄斌全，2014；林箐等，2011）等方面。

然而，近年来随着农村经济蓬勃繁荣，以及多元文化在农村中被认同，村民们纷纷营造新屋，大量年代久远的乡土建筑被拆除，加之“大拆大整”活动下，历经千余年形成的楠溪江流域传统建筑环境即将被破坏。因此，亟待开展相关的传统村落保护与非物质文化遗产的抢救和研究。本书立足建筑学、景观学、历史学和地理学等多学科的研究背景，系统研究楠溪江流域传统村落的文化地理特征，并对各个传统村庄内的地域文化元素进行提炼，实地测绘绘制平立剖面图。采用专业化图解的形式对楠溪江传统村落“耕读文化”、“山水情结”进行解析，为相关行业从业人员提供借鉴和参考。在表达形式上，为兼具艺术性和科普性，通过卡通化的手绘地图形式对村庄内古建筑、古井、古街、古桥等要素进行标注与展示，引导游客关注传统村落的文物保护，活化和继承非物质文化。手绘地图提高了地图的艺术性，游客在使用过程中更容易产生亲切感，从而提升对旅游地的好感度，这不仅有利于传统文化焕发新的生命力和传播力，也大大增强了本书的可读性与趣味性。

目录

第1章 总述篇

第2章 分述篇

谱写山水诗·绘景桃花源

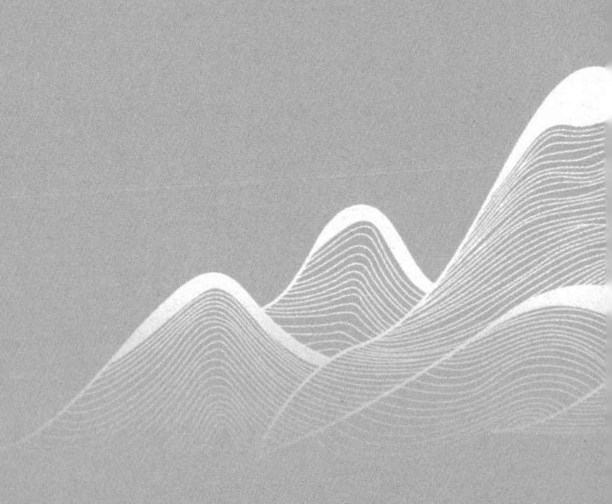

第1章

總述篇

楠溪江概况、传统村落文化地理特征

选址分布

选址规划理念

整体形态

宗族姓氏管理

村落形态特征

民居平面形制

民居立面形态

民居形态特征

1.1 楠溪江流域传统村落概况

楠溪江位于浙江省南部，温州市北部的永嘉县境内，为瓯江下游最大的北支流，总长约 140 千米，流域集雨面积 2 429 千米 ^{2}，溪流自北往南，末处注入瓯江，流归东海（永嘉县志，2003）。楠溪江以水秀、岩奇、瀑多、村古、滩林美而名闻遐迩，开发有楠溪江风景名胜区，这是中国国家级风景区当中唯一以山水田园风光见长的景区。2002 年被国家旅游局评为 4A 级旅游区。

楠溪江大致分为三个河段（图 1.1）。源头大青岗至溪口为上游河段，河谷狭窄，河床比降大，瀑布发育多。溪口至沙头为中游河段，河谷较宽，峡谷段与河谷平原相间分布，地形变化丰富。沙头以下为下游河段，两岸是大片平展的冲积平原（北京大学世界遗产研究中心，2002）。上游地区生态景观原始，自然山水环境出色，水流湍急，其间分布了一些因山就势、特色鲜明的古村落，但因上游最为偏僻，地势也相对险峻，古村落的发育程度和分布数量都受到一定的限制。中游地区河流渐宽，河道随着山势蜿蜒变化，形成较为开敞的河谷平原、大小盆地，景观形态优美舒展，古村落聚集度最高，发育程度也最完整。下游地区河面更为开阔，东西两侧山脉之间距离渐渐拉大，地势渐缓，平坦开阔的冲积平原与瓯江北岸相连，与外界沟通较为便利，村落发展受城镇化影响较大，多数已不能纳入“古村落”的范畴。因此，本研究确定楠溪江流域古村落分布较为集中、古村落发育程度良好的中游地带为研究范围（表 1.1），涉及岩头镇、枫林镇、鹤盛镇、大若岩镇和沙头镇共 5 个乡镇 28 个村落。研究对象（图 1.2）既涵盖了中游地区所有国家级、省级传统村落，又在《楠溪江风景名胜区总体规划（修编）》确定的三级以上保护古村落名录基础上通过实地调研考察增加了个别较典型的传统村落。

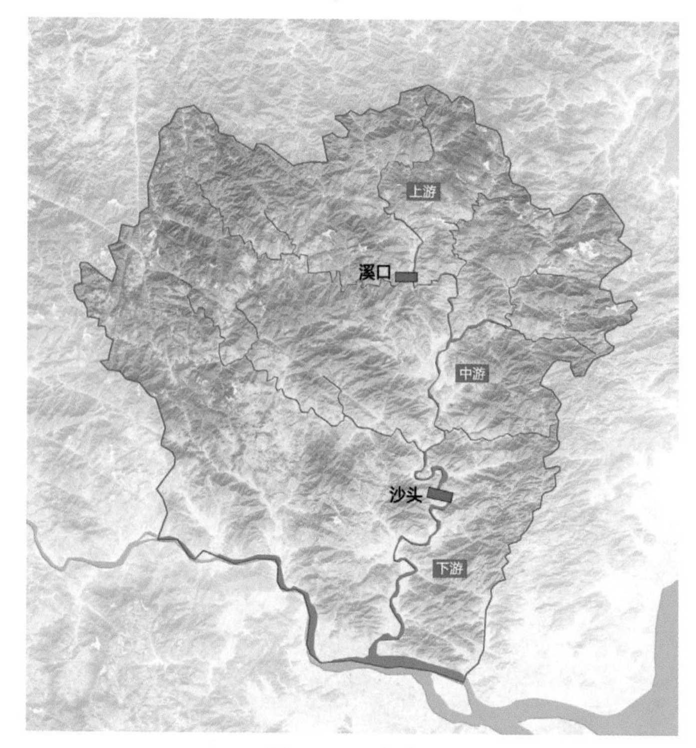

图 1.1 研究范围

据陈志华先生的调查研究，楠溪江流域中游地带范围内，散布着百余座单姓的血缘村落，在现有的村落中，确凿可证的有建于晚唐、五代、北宋、南宋以及元代等各个时期。这些村落大多位于平原、盆地或山地丘陵上，由于耕地充足，土壤肥沃，水源丰沛，农业化程度高，所以村落高度聚集且规模较大，形制较为完整。村落大多经过系统规划，村中有精良的乡土建筑、丰富的公共空间、规整的街巷系统和完善的防御体系，选址布局不再受限于地形，而是遵循风水学说和耕读文化的理论，体现了古代的“天人合一”和堪舆学说、“风水”思想，但都具有相当发达的环境意识。典型的村落有岩头村、芙蓉村、苍坡村、埭头村、廊下村等。由于区域环境相对封闭独立，受外界社会变迁的影响幅度较小，近现代交通也不发达，其中几十座古村落有幸保存至今，它们千余年来都是楠溪江流域最兴旺、最有文化成就的，直到现在也还是楠溪江流域众多村落的代表（陈志华，1993）。

表 1.1　楠溪江流域中游地区传统村落基本情况

序号	乡镇	村庄	级别	批次	村落保护级别
1	岩头镇	芙蓉村	国家级	第一批	一级
2	岩头镇	苍坡村	国家级	第二批	一级
3	枫林镇	枫一村	省级	第一批	一级
4	枫林镇	枫二村	省级	第一批	一级
5	枫林镇	枫四村	省级	第一批	一级
6	枫林镇	枫五村	省级	第一批	一级
7	枫林镇	里龙村	省级	第一批	普通居民点
8	岩头镇	岩头村	省级	第一批	一级
9	岩头镇	南垟村	省级	第一批	普通居民点
10	岩头镇	河一村	省级	第一批	一级
11	岩头镇	河二村	省级	第一批	一级
12	岩头镇	河三村	省级	第一批	一级
13	鹤盛镇	罗川村岭上自然村	省级	第一批	三级
14	鹤盛镇	梅坦村	省级	第一批	/
15	大若岩镇	银泉村	省级	第一批	普通居民点
16	大若岩镇	埭头村	省级	第一批	二级
17	大若岩镇	双岙村	省级	第一批	三级
18	鹤盛镇	东皋村	/	/	普通居民点
19	鹤盛镇	蓬溪村	/	/	二级
20	鹤盛镇	鹤盛村	/	/	二级
21	鹤盛镇	鹤垟村	/	/	三级
22	鹤盛镇	鹤湾村	/	/	普通居民点
23	沙头镇	渠口村	/	/	二级
24	沙头镇	坦下村	/	/	三级
25	沙头镇	塘湾村	/	/	二级
26	大若岩镇	水云村	/	/	三级
27	沙头镇	花坦村	/	/	二级
28	沙头镇	廊下村	/	/	二级

注：村落保护级别参考自《楠溪江风景名胜区总体规划（修编）》

图 1.2　研究对象

楠溪江流域

中游地区传统村落 手绘地图

1.2 楠溪江流域传统村落的文化地理特征

1.2.1 传统村落的选址分布特征

（1）村落的地理环境特征

村落选址和聚落形态是在自然地理条件和人文历史长期发展影响下逐渐形成的，很大程度上取决于其所处地的山水地理环境。楠溪江流域山水资源丰富，中游地区虽地形变化复杂，有山地、丘陵、盆地、谷地等多种地形，但由于水流缓慢，两岸形成大大小小开阔的河谷盆地和冲击平原，大多村落因地就势，或依山，或傍水，建筑在开阔的平原盆地和谷地上。这些村落都有独特的微地形，有自成体系的建筑布局、道路骨架和水系网络，整体村落格局存在许多相似之处（表 1.2）。

①岩头镇、枫林镇地处楠溪江最大的河谷盆地，大楠溪干流沿线，地势平坦，土地肥沃。早在五代十国时期，北方战乱，而吴越一带相对稳定，成为避乱的佳域，因此村落得到初步开发。这两个乡镇传统村落大多分布在河谷盆地中间，临河或者靠河的地形环境中，如苍坡村、芙蓉村等。

②沙头镇、大若岩镇地处楠溪江最大支流小楠溪沿岸。小楠溪溪身宽窄不一，在沙头镇塘垮村附近与大楠溪汇合。沙头镇、大若岩镇位于小楠溪下游，两岸逐渐开阔，河床平缓，沿溪多河谷盆地和平原。因此，沿线村庄微地形大多也为河谷盆地或低山谷地。与岩头镇、枫林镇相比，地势起伏略明显，环境较为偏僻，不少村庄地处四面环山的环抱中。

③鹤盛镇地处楠溪江支流东皋溪沿岸，四面环山，该区域的村落大多处于山脚下或者河谷两岸，村落的分布基本上是顺着河流的方向，背山面水（临水）。或是靠近河流分支，如鹤盛村，或是两河交汇形成的冲击平原，如东皋村、鹤湾村、鹤垟村等。

表 1.2 楠溪江流域中游地区传统村落自然格局与微地形

序号	乡镇	村庄	微地形	山水格局
1	岩头镇	芙蓉村	河谷盆地	背山面水
2		苍坡村	河谷盆地	平原临水
3		岩头村	河谷盆地	背山临水
4		河一村	河谷盆地	背山面水
5		河二村	河谷盆地	背山临水
6		河三村	河谷盆地	背山临水
7		南垟村	低山谷地	四面环山，面水
8	鹤盛镇	罗川村岭上自然村	山坡地	背山临水
9		梅坦村	低山谷地	背山临水，溪流贯穿
10		东皋村	河流沉积岸	背山临水

续表 1.2

序号	乡镇	村庄	微地形	山水格局
11	鹤盛镇	蓬溪村	河谷盆地	背山临水
12		鹤盛村	支主流交汇处	四面环山，溪流贯穿
13		鹤垟村	河流沉积岸	四面环山，面水
14		鹤湾村	河流沉积岸	四面环山，面水
15	枫林镇	枫一村	河谷盆地	平原临水
16		枫二村	河谷盆地	平原临水
17		枫四村	河谷盆地	平原临水
18		枫五村	河谷盆地	平原临水
19		里龙村	高山谷地	四面环山
20	大若岩镇	银泉村	河谷盆地	背山临水
21		埭头村	低山谷地	四面环山
22		双岙村	高山谷地	四面环山，面水
23		水云村	支主流交汇处	四面环山，溪流贯穿
24	沙头镇	渠口村	河谷盆地	背山面水
25		坦下村	河谷盆地	平原面水
26		塘湾村	河谷盆地	背山临水
27		花坦村	河谷盆地	背山临水
28		廊下村	河谷盆地	背山临水，溪流贯穿

（2）村落的选址规划理念

古人认为家族和个人的荣辱兴衰与营建住宅有关。据古书记载，择宅宜在聚“气”之地。“气”即“地脉”，地脉与风水有关，“气乘风则散，界水则止”。因此风水影响“气”，进而影响人的身体健康。住宅选址应充分考虑到风（自然气候）和水（地理环境）的影响。古时建宅都要请风水先生查勘宅地风水，择吉日行事。这种择宅选址方式，虽有封建迷信的一面，但从科学原理来看，风水中的阴阳五行等理论符合“天人合一，因地制宜”的生态观，一般来说传统聚落和民居都会选择靠山面阳、地势高、土质优良、水源便捷之地。

楠溪江流域两百多个古村落受到历史上晋、宋朝两次民族迁徙大背景的影响较大。移民们饱受战乱之苦，举家不远千里来到楠溪江，在优美环境中休养生息，繁衍后代，因此这些村落主要属于避世迁居型。由于这一原因，村落布局和选址上表现出两个明显的特点：一种是为避世乱而形成的，突出防御意识和宗族意识，几乎每个村落都在外围建造寨墙。另一种是为求寄情山水、遁世隐居，对村落环境有特殊的选择性（任蓉，2010）。

（3）村落的选址类型及形成因素

村落的选址是综合多个因素选择的结果，如风水、地理、经济、文化、历史等多种因素。纵观楠溪江流域的古村落选址，楠溪江人考虑是很周全谨慎的。不仅需要满足农业经济下生产生活的需要，更要考虑宗族根系的兴旺发达及子子孙孙的千秋大业。因此，堪舆风水之说深刻地影响着楠溪江古村的选址、规划及建筑。基于上述因素的考虑，参考清华大学陈志华、温州文化局胡念望、浙江农林大学李彦洁相关论述（陈志华，1999；胡念望，1999；李彦洁，2011），综合调查建村历史，总结楠溪江流域中游传统村落的选址主要基于以下三方面的考虑（表 1.3、图 1.3）：

①生产防灾要求下的选址。楠溪江古村落的选址，着眼于土地、水源、山林等小气候的考虑，水源充足、土地平坦、交通便利的地区是村落最密集的地方。楠溪江中游最大、土地最肥沃的岩头镇就聚集了大量的古村落，渠口、坦下、塘湾、豫章和珠岸也隔江相望，相距不过几里路。比如渠口村《叶氏宗谱》中记载："渠口，吾祖光宗公发祥之所也。阅世三十有三，历年千百有余。围绕者数百有余，沿缘者七八里。凤山翥其西，雷峰峙其东，南有屿山，而其外有大溪环之。中穿一渠，可以灌田。而其北则层峦叠翠，不一其状……"从描述中可知，渠口北靠霁山，东为雷峰山，西临凤凰山，形成三面环抱气势。村庄交通便利，小气候宜人，山川林地资源得天独厚，是农业生产和发展的绝佳选址。楠溪江是永嘉的母亲河，三百里长流孕育了楠溪江特色的耕读文明，但也每年带来暴雨洪水等灾害。每年夏秋之间，楠溪江流域台风暴雨冲毁屋舍，造成灾害。因此，大多村落选址都十分重视避风防洪，将村庄建在沉积岸，避开冲刷岸。古代堪舆风水中将冲击岸称为"反弓水"，沉积岸称为"腰带水"。他们认为，村庄应该建在"腰带水"而不是"反弓水"一侧。楠溪江流域沿江而建的大多村庄都是位于"腰带水"一侧，如芙蓉、东皋、鹤垟、鹤湾、渠口、花坦、廊下等。"腰带水"形成闭合的环境，造成一定的领域感。

② 风水观念引导下的选址。由于当时生产力的落后和科学知识的匮乏，百姓对于无法解释的异常现象认为是神灵作怪，便去烧香拜佛占卜抽签，因此堪舆风水之说盛行。楠溪江流域一带，人们在村庄选址、修建房屋和坟墓时最为讲究。村落选址时除了要避灾防灾选择"腰带水"外，深受耕读文化影响的楠溪江中游地区村落大多会希望村址四周有封闭山岭，尤其在村子东南角有圆锥形的山峰，象征毛锥笔尖，主文运，山峰被称为"文笔峰"或者"卓笔峰"。如果有整齐的一排山峰，则叫"笔架山"，意喻子孙能当官中科举。凡有文笔峰的村子，常在村前开凿天然池塘，意喻着砚池，文笔峰倒影其中，形成"文笔蘸墨"之景象。比如，蓬溪村东南方有圆锥形的文笔峰，正在巽位，村东有一广阔的潴湖，文笔峰倒影在潴湖中。又如苍坡村，村落布局以"文房四宝"为主题，虽然笔架山在村西侧，但西池宽阔，笔架山倒影其中，造就了苍坡李氏家族后代忠良辈出，科举功名成就者无数，进士不计其数的优良文风。

③隐居防御要求下的选址。楠溪江流域大部分村落的先民都是躲避战乱，寄情田

园生活而在此定居，上游村落尤为明显，中游地区部分村落也同样如此。他们选择在隐蔽险阻、易守难攻的山林间隐居，有的甚至牺牲村落建筑的良好朝向布局。比如，坦下村住宅大多坐东南朝西北，塘湾村住宅坐西南朝东北，两个村庄都是三面环山，一面筑城墙形成天然屏障，十分利于防守。花坦、廊下四周被高山峻岭包围，西侧开口朝向花坦，但入口处有一片茂密的森林阻隔，环境隐蔽，地形复杂。廊下村在村外西边砌筑坚固的寨墙，墙上设置枪垛和射箭孔，寨墙上有瞭望台，可观四周动静。村内道路错综复杂，极易迷路，形成了封闭、利于防御的村庄环境，村内百姓安居乐业，过着陶渊明笔下世外桃源般的生活。此外，不少村庄居于楠溪江另一侧，需通过汀步才能进村，如东皋、鹤垟、豫章等。

表 1.3　楠溪江流域中游传统村落选址类型表

序号	乡镇	村庄	选址依据	选址类型
1	岩头镇	芙蓉村	唐末陈氏夫妇从瑞安场桥迁徙，见芙蓉峰旁前横“腰带水”，后枕“纱帽岩”，遂建四水归塘，以“七星八斗”布局而建，寓意人才辈出，人杰地灵。	风水观念引导下的选址
2		苍坡村	唐末先祖李岑为避乱从福建长乐徒步迁居苍坡，以经教授后学乡人，惠及一方。后世遵循祖训“耕读兴宗”，生息不止。	风水观念引导下的选址
3		岩头村	岩头古村（岩头村、河一村、河二村、河三村）始建于初唐。宋末元初，始祖金安福从附近的档溪西巷里迁居于此。八世祖金永朴主持以水利设施来规划布局村寨。	生产防灾要求下的选址
4		河一村		
5		河二村		
6		河三村		
7		南垟村	始祖从岩头迁居南垟，至今已有 14 代，300 多年历史。	隐居防御要求下的选址
8	鹤盛镇	罗川村岭上自然村	始建于 400 多年前的明嘉靖年间，山高多雾，村居依山而建，是典型的高山上的村居。	隐居防御要求下的选址
9		梅坦村	谷氏远祖谷琛，五代末年福建长溪人，避迁平阳昆阳，北宋太平兴国年间迁永嘉楠溪西源。五世祖谷启扩，号爱梅，好山水，乐垂钓，见梅坡奇峰入云，碧波九曲，古木成荫，梅花遍地，流连忘返，遂建屋定居。	隐居防御要求下的选址
10		东皋村	位于鹤盛溪沉积岸，三面环水，呈“腰带水”布局，村庄寨门面对鹤盛溪石碇，有 211 步，渡过溪流是蛮石砌成的高坡，两侧是树林。	生产防灾要求下的选址
11		蓬溪村	建于南宋，中国山水诗鼻祖谢灵运的后裔集聚地，东南西三面环山，是一个袋形的封闭式盆地，只有北面一个出口。《蓬溪谢氏宗谱·同治甲子重修族谱》序云：“楠溪形局、惟蓬川最奇。”	风水观念引导下的选址
12		鹤盛村	楠溪江中游东北向鹤盛溪畔，是鹤盛镇西源社区最北的行政村。	生产防灾要求下的选址
13		鹤垟村	始建于南宋，村落背靠鹤山，三面临溪，古道进村需通过订步过寨门后才能进村，村内道路崎岖，七弯八绕，村内有“鹤垟八景”之说。	隐居防御要求下的选址
14		鹤湾村	位于鹤盛溪沉积岸，三面环水，呈“腰带水”布局。	生产防灾要求下的选址

续表 1.3

<table>
<tr><th>序号</th><th>乡镇</th><th>村庄</th><th>选址依据</th><th>选址类型</th></tr>
<tr><td>15</td><td rowspan="5">枫林镇</td><td>枫一村</td><td rowspan="4">隋唐年间，文人雅士避战乱而聚居，初称“楠溪乡凤栖里”，后因境内枫树成林，改称“枫林”。村落三面环山，一面环水，北侧金钩形的狮溪在村东头被引入“魁星塘”后，分三条平行水圳由东而贯穿全村。新中国成立后，划分为枫一至枫五五个村。</td><td rowspan="4">生产防灾要求下的选址</td></tr>
<tr><td>16</td><td>枫二村</td></tr>
<tr><td>17</td><td>枫四村</td></tr>
<tr><td>18</td><td>枫五村</td></tr>
<tr><td>19</td><td>里龙村</td><td>始建于清代，由先祖徐康辉从枫林镇迁入形成，已有300余年历史。村背面有一条天然形成的优美石垅，隐藏于偏僻的深山之谷，取名里龙村。</td><td>隐居防御要求下的选址</td></tr>
<tr><td>20</td><td rowspan="4">大若岩镇</td><td>银泉村</td><td>背靠大若岩镇域主峰——十二峰南麓，西枕琴山，村前临小源溪，呈弧形经过银泉，“腰带水”布局。村东有小源冲积而成的成片农田、果树丛林和池塘滩林。</td><td>风水观念引导下的选址</td></tr>
<tr><td>21</td><td>埭头村</td><td>建于元顺帝至元年间，至今已将近700年。村庄以“文房四宝”八卦布局，三面环山，北靠卧龙山，山上高峰如笔，取名文笔峰。“松风水月”造型似墨，古老墙壁像纸，墨沼池像砚。</td><td>风水观念引导下的选址</td></tr>
<tr><td>22</td><td>双岙村</td><td>始建于清代，陈氏来此定居，有200多年的历史。群山环抱，属于典型的高山阶梯式传统村落。</td><td>隐居防御要求下的选址</td></tr>
<tr><td>23</td><td>水云村</td><td>明代时从永嘉白泉迁移过来，飘带似的水云溪从村前流过，村口是华盖般的三棵古树。</td><td>生产防灾要求下的选址</td></tr>
<tr><td>24</td><td rowspan="5">沙头镇</td><td>渠口村</td><td>叶氏聚居地，渔农林资源丰富，地理形势险固，三面环山，中穿一渠，农田面积大，有利于农业经济的发展。</td><td>生产防灾要求下的选址</td></tr>
<tr><td>25</td><td>坦下村</td><td>始建于宋，始祖公讳彬为芙蓉村陈虞之同族子侄。因此地为大小二源之口，三面环山，一面筑城墙，可截元兵而驻扎。住宅大多坐东南朝西北。</td><td>隐居防御要求下的选址</td></tr>
<tr><td>26</td><td>塘湾村</td><td>三面环山，一面筑城墙形成天然屏障，住宅坐西南朝东北。</td><td>隐居防御要求下的选址</td></tr>
<tr><td>27</td><td>花坦村</td><td>南宋时期，朱氏祖先就移居在此。高山峻岭包围，西侧开口朝向花坦，入口处有一片茂密的森林阻隔，环境隐蔽。坐北朝南，依山傍水。村口遗有一座古寨门蜿蜒于村外围。</td><td>隐居防御要求下的选址</td></tr>
<tr><td>28</td><td>廊下村</td><td>始建于南宋祥兴年间，是朱姓聚居村。村庄着重于军事防御功能，古寨门呈半椭圆形，厚厚的寨墙足有2米多宽，四面包围着村子。</td><td>隐居防御要求下的选址</td></tr>
</table>

注：楠溪江中游古村落选址大多综合多个因素，本表格仅以核心影响因素作为划分依据。

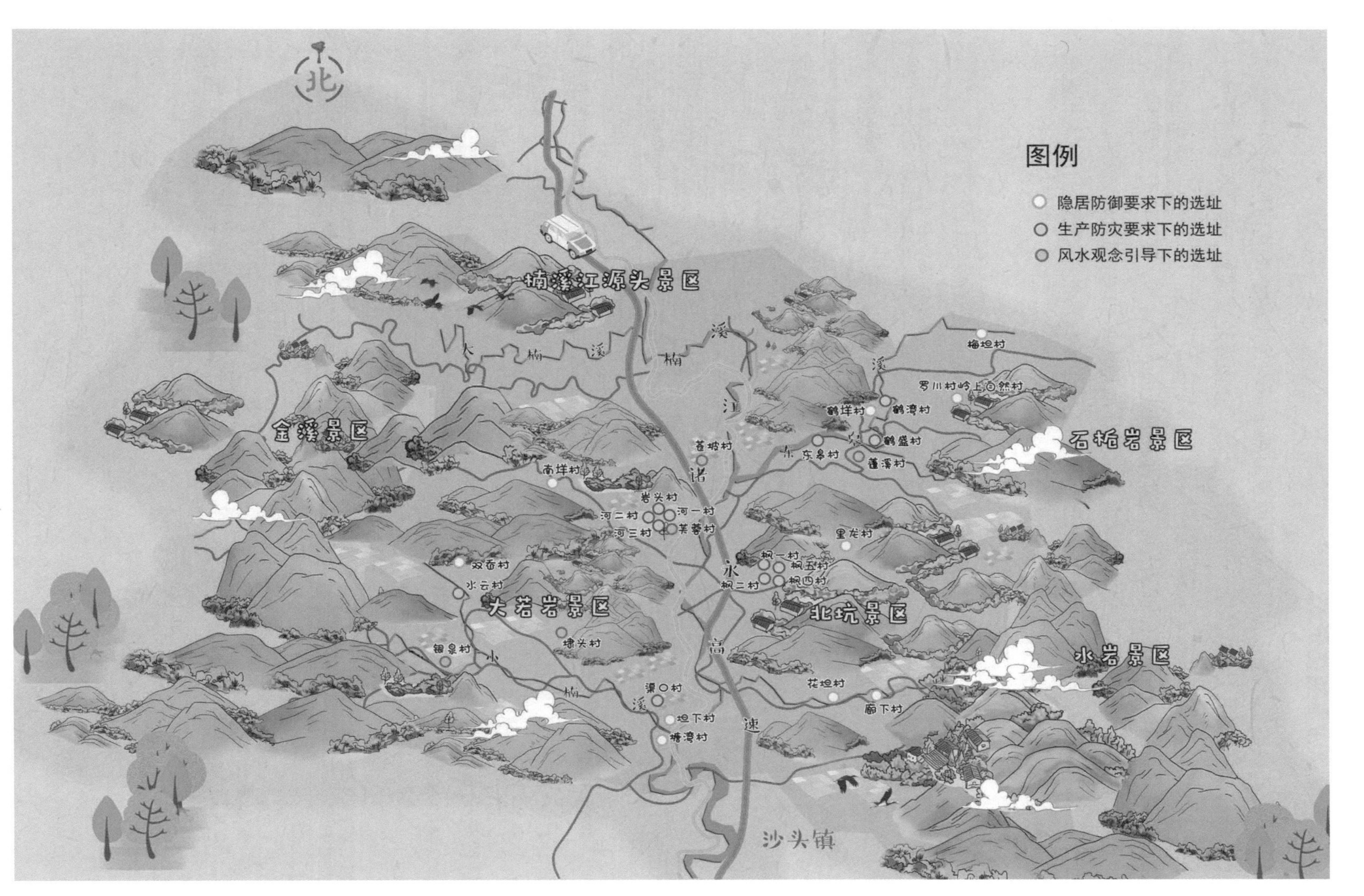

图 1.3 楠溪江流域中游传统村落选址类型图

1.2.2 传统村落整体形态

传统村落的形态是指村落在环境因素影响下呈现出来的平面几何形态，反映了周边环境的综合作用。比如，处于平地上的村落，其边界轮廓比较规整，一般近于方形或略呈长方形，方位也较正，如苍坡村；沿河或靠山的村落，其边界轮廓或沿江岸或顺山体的等高线而呈带状，如埭头村；而对于深处山谷的村落，其平面形态则呈点状，如里龙村。在特殊自然环境中的，则由各自具体的地形结构决定其形状轮廓，如坐落在圈椅形山坳里的坦下村。本研究根据楠溪江流域中游村落的外部形态，参考相关研究（任蓉，2010），将村落外部形态基本划分为5类。

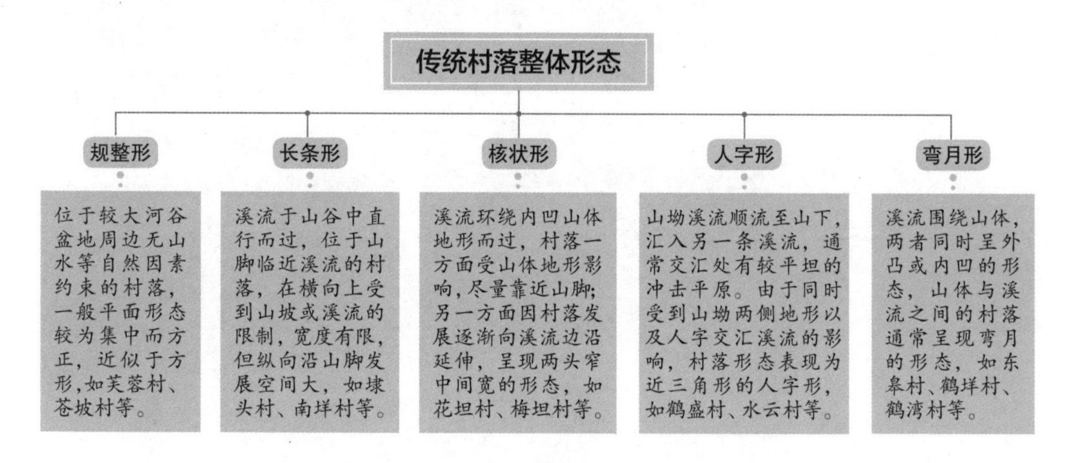

楠溪江流域中游传统村落外部形态总体较为规整，大部分村落位于背山面水的地理环境中。岩头镇、枫林镇大多是开阔盆地，形态规整。其余乡镇由于受山体、溪流影响，外部形态有所变形，其中呈规整形布局的村落有10个，呈长条形布局的村落有7个，呈核状形布局的村落有6个，呈弯月形布局的村庄有3个，呈人字形布局的村落有2个（表1.4）。

表 1.4 楠溪江流域中游传统村落整体形态

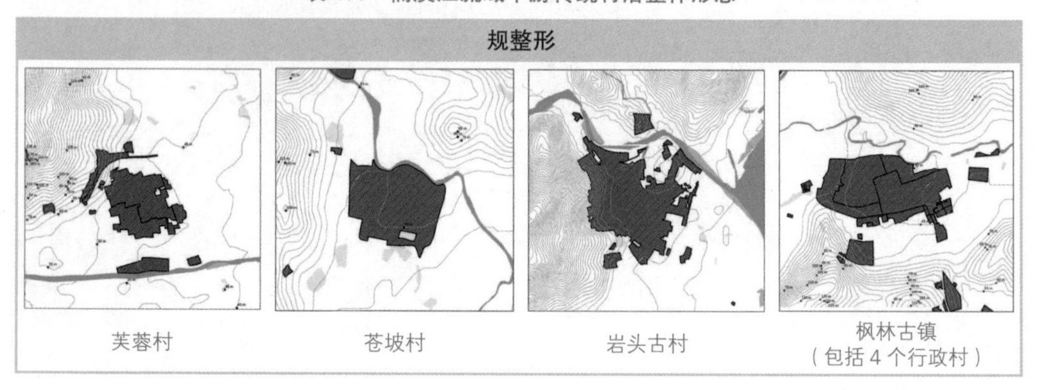

续表 1.4

南垟村
蓬溪村
里龙村
埭头村
双岙村
渠口村
塘湾村
长条形（7）
核状形（6）
罗川村岭上自然村
梅坦村
东皋村
鹤垟村
银泉村
坦下村
弯月形（3）
人字形（2）
鹤湾村
花坦村
廊下村
鹤盛村
水云村

1.2.3 传统村落宗族姓氏管理

据《永嘉县志》记载："永嘉郡城沂支江北上百余里地曰楠溪，土壤肥沃，风气绵密，多世家大族居之……"可见，楠溪江流域是一个宗族聚居的相对封闭的社会单元，一村一姓或一村两姓。如鹤盛村的人都姓谢，岩头村的人都姓金，枫林村的人都姓徐等。在封建社会，农村虽有各级行政机构管辖，但长期以来，宗族组织其实是实际的政权机构。按照宗族血缘关系形成的宗族管理机构在村庄拥有绝对的权威，内有自己制定的宗族法规。礼制建筑在村落中地位较高，建筑装饰最为精美，投入了大量资金和人力。由于强大的宗族精神力量，村庄规划和建设均有序开展，宗法、族规、公约等历史文化遗存规范了村民的思维方式、行为方式，村庄内部有着比较严格的秩序。在村庄中，宗族各种职司大多由士绅乡贤担任，而他们大多是辞官回家或举业不成的读书人，拥有高素质的文化修养，这决定了楠溪江流域村落的整体风貌和村落命运。

宗祠是传统村落的礼制中心，规模较大，建筑工艺最为讲究，形制最为严格。在楠溪江中游传统村落中，耕读文化和宗祠文化盛行弥漫。宗祠是村内品位最高，用途最广的公共建筑，是村内巩固族权、荣宗敬祖以及维持人文秩序的重要载体。总的来说，楠溪江流域传统村落中宗祠有以下特点：

①村落宗祠数量多，保存完好。楠溪江流域传统村落中村村有宗祠，有的是一村数个祠堂，通常至少有一个大宗祠，奉祀始迁祖。随着子嗣繁衍，宗族内各房又兴建分祠堂，所以村内又出现二房祠堂、三房祠堂等，祠堂众多。比如，廊下村朱氏祠堂共有 18 所（现存 10 所），芙蓉村陈氏宗祠 18 所（现存 12 所），蓬溪村谢氏宗祠 12 所，岩头村金氏祠堂 10 所。此外，部分村庄是多个姓氏共同聚居，因此一姓一祠，村内拥有数个宗祠，比如蓬溪村是谢、周姓氏各有自己的宗祠。宗祠建筑是当时社会背景和宗族文化的写照，得到族人的有效保护，不少村落古民居被破坏殆尽，但宗祠仍保存完好。见表 1.5、图 1.4。

②村落宗祠选址讲究，形制严格。据研究，楠溪江流域传统村落大宗祠多位于村寨入口、村内较僻静的一隅。朝向不固定，但多与主街同向，布置在主街尽头，很少有村庄将宗祠布置在村子中央。宗族大多保守内向，四周围墙高立，与相对开敞的民居形成鲜明对比。建筑规模较为宏大，一般是合院式建筑，芙蓉村陈氏大宗祠、渠口村叶氏大宗等都是二进院落。叶氏大宗建筑占地面积约 1 200m^2，坐北朝南，由照壁、山门、前厅、戏台、两厢和正厅组成，主体平面呈"日"字形。

③村落宗祠建筑装饰质朴中凸显精美。崇尚寄情山水、世外隐居的楠溪江传统村落在宗祠建筑的装饰上整体保持着质朴内敛的风格。建筑材料多为青砖灰瓦木结构，然而细究建筑飞檐、壁画、瓦当滴水等构件时却处处带着惊喜，木雕、石雕应用较多。比如每个宗祠大门内侧正厅对面大多布置的木构戏台，前凸于院落中，屋顶多为歇山顶。戏台木雕装饰精美，镂雕、透雕均可见，顶部彩绘装饰。如鹤盛镇鹤盛村、蓬溪

村谢氏大宗戏台顶部甚至多处采用琉璃石镶刻装饰，十分精美。在宗族社会里，戏台是最高级别的文化娱乐设施，也是村民最喜爱的娱乐消遣场所。逢年过节，宗族邀请戏班做戏，村民集聚一堂，也为村里祈福消灾。

表 1.5　楠溪江流域中游传统村落宗祠情况

序号	乡镇	村庄	村庄朝向	姓氏	现宗祠数量	大宗祠朝向	大宗祠位置
1	岩头镇	芙蓉村	坐西朝东	陈	12	坐西朝东	靠正门处，如意街一端
2		苍坡村	坐北朝南	李	3	坐东朝西	靠溪门处，笔街尽头
3		岩头村	坐西朝东	金	10	坐西朝东	仁道门内侧，进士街西边
4		河一村					
5		河二村					
6		河三村					
7		南垟村	坐南朝北	金	2	坐东朝西	村口东侧主路边
8	鹤盛镇	罗川村岭上自然村	坐东朝西	—	1	坐东朝西	村西侧一隅
9		梅坦村	坐南朝北	谷	1	坐南朝北	村办公楼后靠永兴街
10		东皋村	坐南朝北	谢 / 周	3	坐南朝北	村西侧靠山脚处
11		蓬溪村	坐西南朝东北	谢 / 周	12	坐西南朝东北	村中心沿康状街一侧
12		鹤盛村	坐东朝西	谢	4	坐东朝西	村中心沿次路鹤山路
13		鹤垟村	坐北朝南	谢	3	坐东北朝西南	村最南侧山边
14		鹤湾村	坐东北朝西南	谢	3	坐东北朝西南	村民中心后靠水下线
15	枫林镇	枫一村	坐北朝南	徐	10	坐北朝南	枫二村，西侧沿镇前路
16		枫二村					
17		枫四村					
18		枫五村					
19		里龙村	坐北朝南	徐	0	—	—
20	大若岩镇	银泉村	坐北朝南	陈	4	坐西朝东	村西北角沿坦五线
21		埭头村	坐东北朝西南	陈	5	坐东北朝西南	村南侧沿九黄线
22		双岙村	坐东北朝西南	陈	2	坐东北朝西南	沿主路溪流
23		水云村	坐西北朝东南	陈	1	坐西北朝东南	村东南侧沿九黄线
24	沙头镇	渠口村	坐北朝南	叶	6	坐北朝南	下方村东南角巨康路
25		坦下村	坐东北朝西南	陈	1	坐东朝西	沿进村主路末端
26		塘湾村	坐西北朝东南	郑	5	坐西北朝东南	村中心处
27		花坦村	坐北朝南	朱	8	坐西朝东	花三村村西侧
28		廊下村	坐西南朝东北	朱	3	坐北朝南	村中心偏北侧

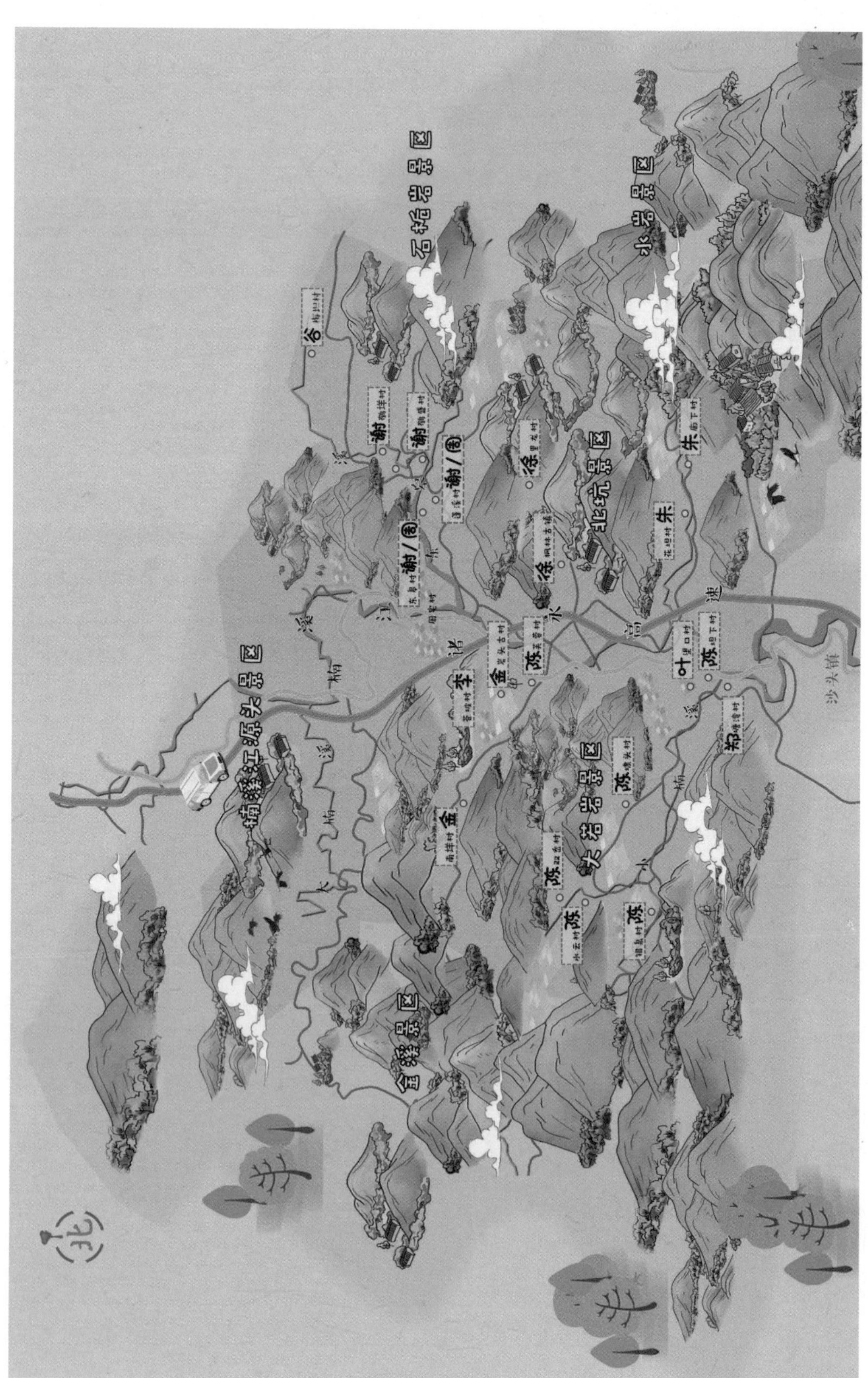

图 1.4　楠溪江流域中游地区村落姓氏分布图

1.2.4 传统民居平面形制

各地的宅第建筑，因地点、气候、材料、技巧、风俗习惯以及各家的人口多少和财力大小不同，形体之多举不胜举。楠溪江流域现存大多为明清建筑。整体建筑风格朴素内敛，院墙低矮，院落疏朗，表现出村民淳朴坦诚的胸怀和崇尚自然的价值取向。建筑材料原木和蛮石就地取材，搭配屋顶雕花的滴水瓦当、木雕檐柱和特色山墙，形成了朴素又精致的建筑风格。由于村落规模限制，传统村落民居形制不大，大多为中小型建筑，但平面类型丰富，除“一”字形、“L”字形、“凹”字形、“H”字形、“口”字形等最基本的布局形态外，还产生了许多变型。随着家族人口的增加，不少民居在原来院落基础上增加几间或者几个院落，形成了“日”字形、“目”字形、“T”字形等多种平面布局（图 1.5）。

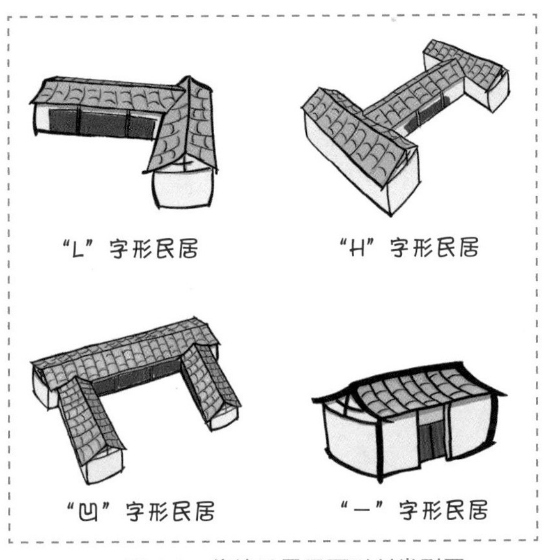

图 1.5　传统民居平面形制类型图

(1)

『一』字形

“一”字形是最基本的形态，“一”字形民居也叫“三间张”，由正堂、左右房组成（图 1.6）。其平面为正房三间及边房二间，每间面阔一般为 3 ~ 4 米，进深五檩九檩的都有。民间也称这种类型为“一条龙式”。正房是主要房间，中间为堂屋，供祖先或天地君亲师牌位，并为会客起居之用。当人丁增加时，可向左右延长增加至九开间或十一开间等，或向纵深扩展，形成多进的大宅院。楠溪江流域民居大多为五开间、七开间。这类民居体量小，在楠溪江流域最为常见。

图 1.6　“一”字形民居形态图

(2) 「L」字形

“L”字形民居是以“一”字形平面为主体，在一端向侧面加一两间房屋，形成一个两边长短不同的曲尺形，有的是加少许围墙就形成一个带有窄长天井的封闭式住宅（图1.7）。这类民居的主屋布局与“一”字形类似，厢房给晚辈居住，转角处的房间条件较差，常做厨房、杂物间、畜舍等，现也常为住房。这类民居体量小，在楠溪江流域十分常见。

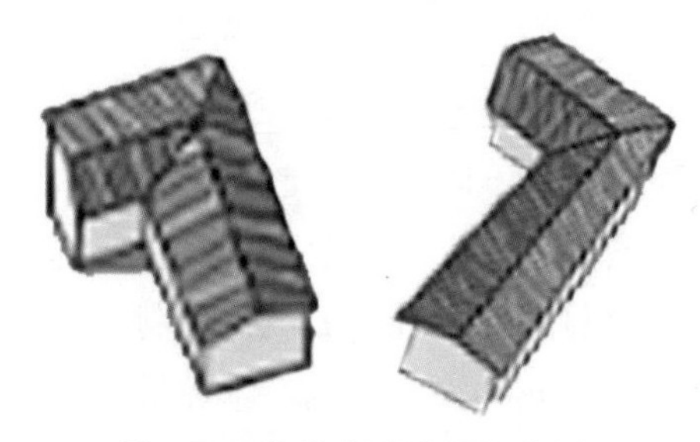

图 1.7　“L”字形民居形态图

(3) 「凹」字形（三合院）

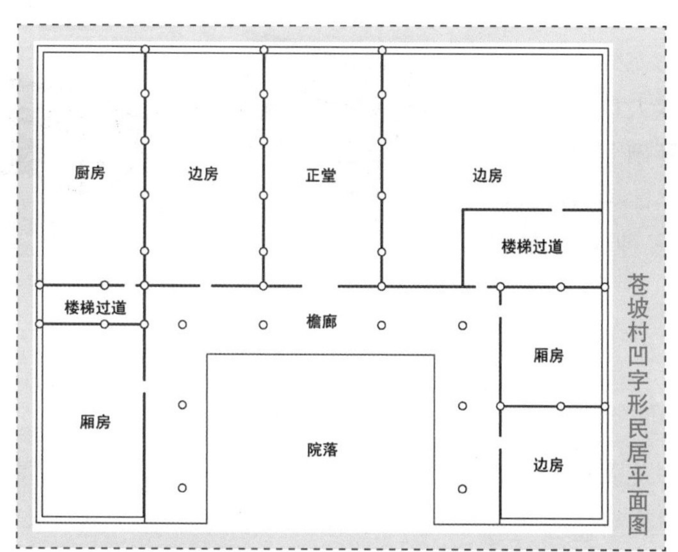

苍坡村凹字形民居平面图

“凹”字形民居正房三间居中，面向庭院，中间一间为敞厅。厅侧两间为居室，是主人居住之所。正房东西两翼各有三间面向天井，称为厢房，有时中间一间亦作敞厅，是晚辈居住之所。转角处的房间条件较差，作厨房及贮藏之用。厢房大小变化丰富，体量自由灵活，大部分呈左右对称布局，偶有民居某一侧少一间作为房屋大门入口或者过道。

楠溪江流域民居多有低矮围墙围合的庭院，“凹”字形民居外围加上围墙也叫“三合院”。“三合院”由正房三间，二厢各一间，辅助用房或厢廊所围合形成的。民居中檐廊同样呈现“凹”字形。民间也有人称之为“三间两廊式”（图 1.8）。这种类型可向左右扩展至五开间、七开间乃至九开间等，

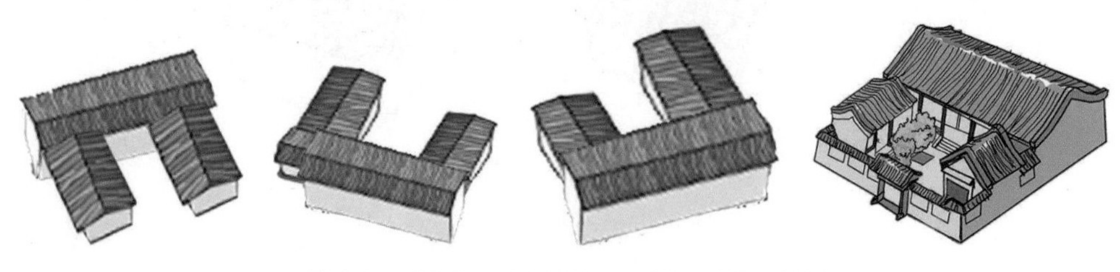

图 1.8　“凹”字形变形、三合院民居形态图

或向纵深扩展，形成多进大宅院。楠溪江流域中游地区传统民居以三合院居多，风貌保留较好的村落至少保留有十多处三合院，较差的村落也有三五处。

(4)

「H」字形

“H”字形民居是“凹”字形民居的变形和升级（图 1.9）。这类民居通常由两个三合院背靠背组合而成。在外墙封闭的情况下能获得前后两个庭院，改善了正房的通风采光，如芙蓉村将军屋。这类民居体量较大，在楠溪江流域民居中比例不大。

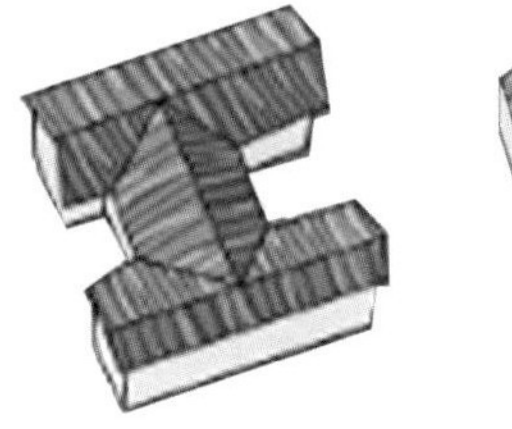
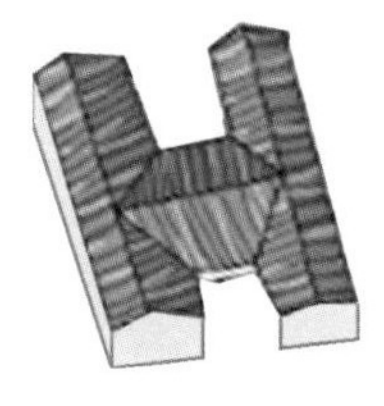

图 1.9 “H”字形民居形态图

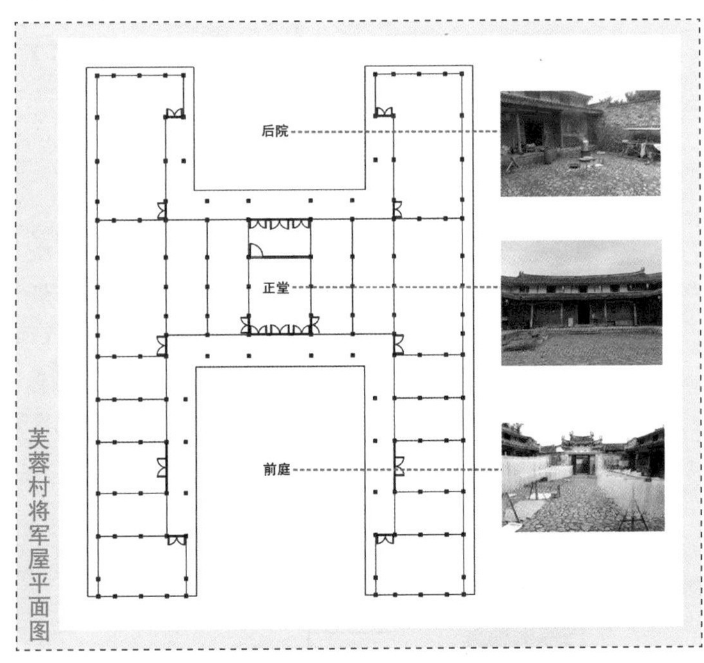

(5)

「口」字形（四合院）

“口”字形居民又称“四合院”，是由房屋绕庭院四面围合成一个对外封闭的院落住宅（图 1.10）。一般是将三合院朝正房的围墙做成与正房相对应的房间，留出中央一间做门道。院子尺度小，以天井形式出现，建筑不是单层平房，多做成楼房。这种布局模式是由四个“一明两暗”房间相向对合而成。四个厅堂也位于“十”字形轴线上。“口”字形的可演变成多进院落或跨院。以三合院、四合院或“H”

图 1.10 “口”字形民居形态图

形平面为单元，根据不同的基址范围，向纵向或横向拼接组合，构成“日”字形、“目”字形、“田”字形或规模更大的住宅。楠溪江流域中游地区民居中四合院比例不高，只在大的宗祠、名人故居中出现。

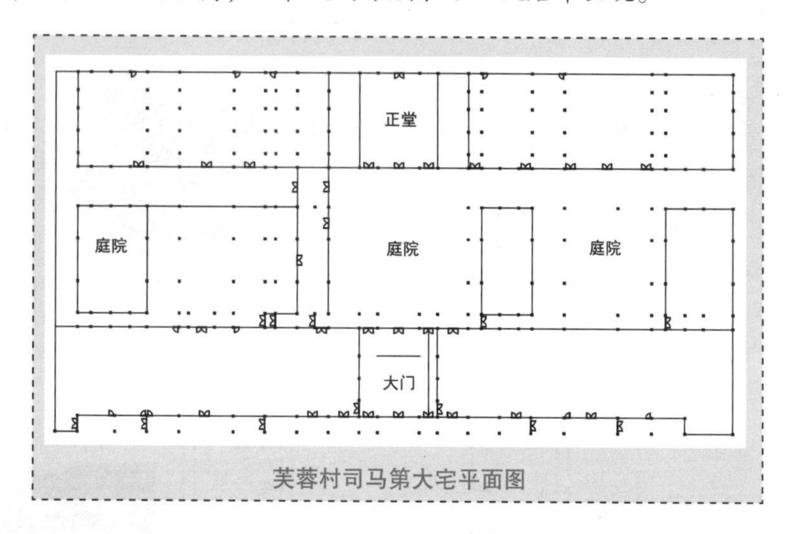

芙蓉村司马第大宅平面图

(6)
其他形制

楠溪江流域传统村落在历史发展过程中，除了常规的形制外，聪明的当地居民还会根据周边环境和地块特征，设计出一些变形的建筑平面布局。如“T”字形民居就属于“L” 字形“H” 字形的变形版或缩减版。“T”字形民居比“L” 字形民居多了一个后院，但比“H” 字形民居少了一侧厢房，这在楠溪江流域并不多见。表 1.6 为楠溪江流域中游地区现存传统民居类型统计表。

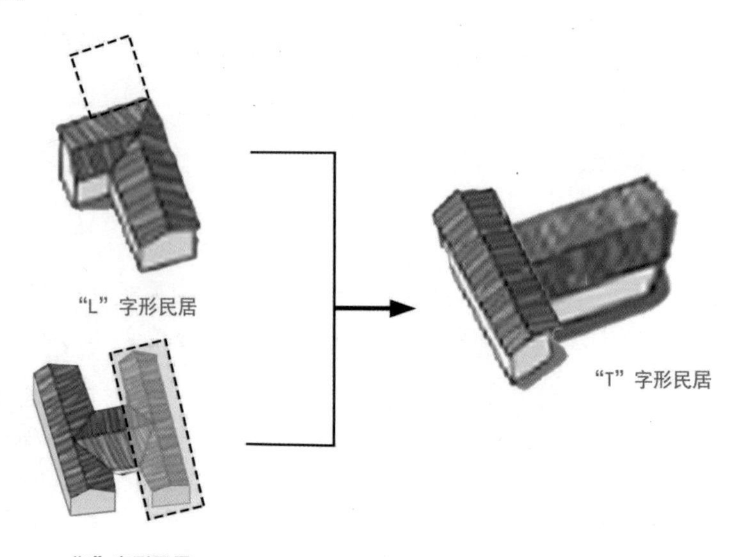

图 1.11 “T”字形民居形态的演变图

表 1.6 楠溪江流域中游地区现存传统民居类型统计表

乡镇	村庄	民居数量	“一”字形	“L”字形	小型民居	“凹”字形	“H”字形	中型民居	“口”字形	大型民居
岩头镇	芙蓉村	22	10	3	13	4	1	5	4	4
	苍坡村	25	9	3	12	8	0	8	5	5
	岩头村	2	2	0	2	0	0	0	0	0
	河一村	8	0	0	0	5	0	5	3	3
	河二村	6	4	1	5	1	0	1	0	0
	河三村	1	1	0	1	0	0	0	0	0
	南垟村	13	4	0	4	8	0	8	1	1
鹤盛镇	罗川村岭上自然村	16	16	0	16	0	0	0	0	0
	梅坦村	14	3	1	4	8	0	8	2	2
	东皋村	18	5	4	9	8	0	8	1	1
	蓬溪村	29	8	4	12	13	0	13	4	4
	鹤盛村	18	9	2	11	5	1	6	1	1
	鹤垟村	13	7	3	10	2	1	3	0	0
	鹤湾村	8	7	0	7	1	0	1	0	0
枫林镇	枫一村	8	4	0	4	4	0	4	0	0
	枫二村	18	11	2	13	4	0	4	1	1
	枫四村	25	5	6	11	14	0	14	0	0
	枫五村	9	7	1	8	1	0	1	0	0
	里龙村	12	9	2	11	1	0	1	0	0
大若岩镇	银泉村	17	7	4	11	5	0	5	1	1
	埭头村	8	7		7	0	0	0	1	1
	双岙村	13	11	2	13	0	0	0	0	0
	水云村	15	12	1	13	1	1	2	0	0
沙头镇	渠口村	11	7	3	10		0		1	1
	坦下村	6	3	2	5	1	0	1	0	0
	塘湾村	8	5		5	1	0	1	2	2
	花坦村	19	9	1	10	7	0	7	2	2
	廊下村	4	2	1	3	1	0	1	0	
合计		366	184	46	230	103	4	107	29	29

注：“一”字形、“L”字形为小型民居，“凹”字形，“H”字形为中型民居，“口”字形为大型民居。

1.2.5 传统民居立面形态

楠溪江流域中游地区乡土建筑风格古朴，建筑装饰较少，但建筑构图均衡，比例优美，建筑山墙用大面积的木联板，不施粉黛，展现出建筑原始的色彩和肌理。砖砌山墙略带徽派特色，形式大气。不少村落中建筑破损殆尽，但门楼石雕精致大方，屹立不倒。现存楠溪江流域中游地区传统民居以木结构为主，建筑墙体窗花简单又不失特色，是楠溪江木雕文化之精髓。

古代建筑如果用两面坡屋顶，在屋顶的左右两面，前后斜坡顶所形成的三角形部分称为“山”。山墙常被认为是建筑的正立面，是民居最优美的部分。山墙形式灵活多变，构图完美，在楠溪江流域中游地区被大量运用，是重要的装饰部位。“一”字形民居有两处山墙，“凹”字形民居有四处山墙，其中两个厢房山墙朝前，正屋侧面山墙参差错落，巧妙组合搭配。不少山墙为遮风避雨，在墙面上增加披檐，装饰山花，形成生动活泼的墙面效果。

楠溪江流域中游地区大部分民居都是蛮石木构架山墙形式（图 1.12）。下半部分是由大块蛮石作基础，有利于承重又防潮防水，中间砖墙作为墙身，个别会开设特色花窗。上半部分露出原木色的房屋构架，木构架之间镶嵌木板，木板外围抹上白灰，最上面部分是黑色蝴蝶瓦屋顶（黄黎明，2006）。木构架中间偶有一排斜撑，开设透气窗户，房屋通风采光更好，使山墙空间层次和形式变化更加灵活。基础部分厚重的蛮石与上半部分朴素轻巧的建筑风格形成对比，形式丰富却十分朴素，成为楠溪江流域民居靓丽的风景线。楠溪江流域中游地区部分地区仍保留少量特色的砖墙山墙。这些山墙大多见于大户人家的民居，形式有观音兜式、马头墙式等，艺术水平很高，在鹤盛镇分布最多（图 1.13）。

图 1.12　蛮石木构架民居山墙

图 1.13　砖砌山墙

第2章

分述篇

岩头镇

岩头古村
芙蓉村
苍坡村
南垟村
周宅村

枫林镇

枫林古镇

鹤盛镇

鹤盛村
鹤垟村
东皋村
蓬溪村
梅坦村

大若岩镇

埭头村
水云村
银泉村
双岙村

沙头镇

渠口村
坦下村
花坦村

2.1 岩头镇

2.1.1 岩头古村

图 2.1　岩头古村导览地图

（1）村庄导览

岩头村位于楠溪江中游西畔，介于苍坡和芙蓉之间，距永嘉县城38公里。因地处芙蓉三岩之首，故名岩头。始建于初唐，宋末元初，始祖金安福(1250—1318年)从附近的档溪西巷里迁居于此。明世宗嘉靖年间（1522—1566年），由八世祖金永朴主持，进行全面规划修建。村落布局是古朴古香的街区式三进两院四合围式的建筑群。

岩头古村必去景点：

丽水街　水亭祠　文昌阁　塔湖庙　琴山戏台

（2）丽水街－塔湖庙景区

岩头古村是楠溪江流域唯一一个以水利设施建村的村落，其中东南侧丽水街－塔湖庙景区是楠溪江流域村落中面积最大的公共园林（章禾等，2017）。丽水街全长300多米，始于献义门，终于乘风亭和百年古香樟形成的休闲空间。据说丽水街原是一段兼做拦水坝的寨墙，后因清代时期该地是担盐客必经之路，于是在长堤旁建造铺面形成商业街。丽水街其实是一条沿湖而建的檐廊，宽2米左右，卵石地面铺装，沿湖一侧设置有“美人靠”座，“美人靠”的对面是90多间前店后屋的两层商铺。丽水街与带状弯曲的丽水湖平行直到寨墙南门，形成自然曲折的半围合空间，体现了“天人合一”“道法自然”的造景艺术。寨墙南门处是由乘风亭、丽水桥、接官亭、古香樟等景点组成的休闲集散空间，附近村民多聚集于此处。丽水桥建于明嘉靖戊午年，由48根条石构成，桥长12米，宽3.8米，净跨4米，桥面由石板铺成，分3节，距今已有400多年历史，但仍然保留完好。

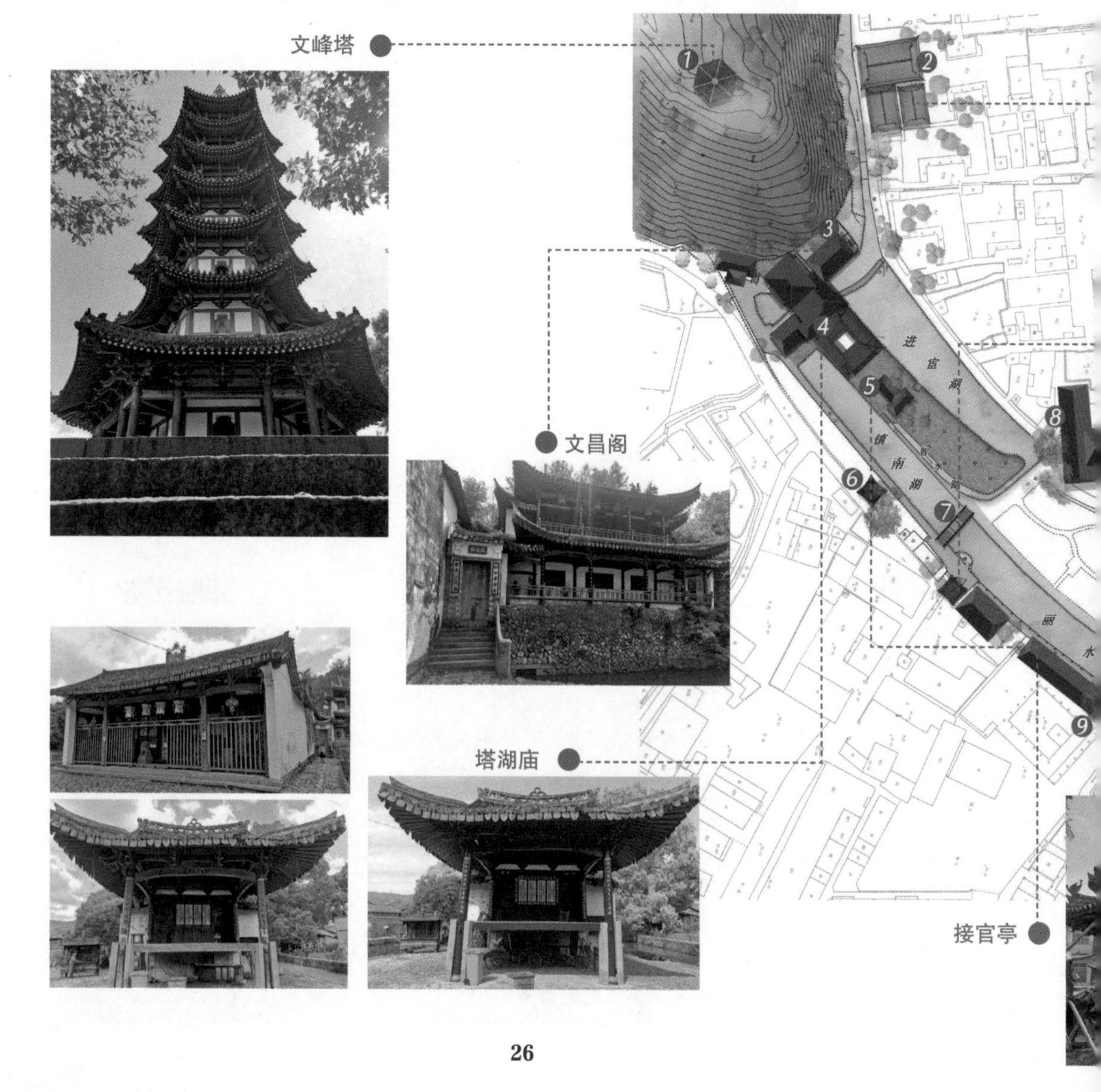

丽水桥以南是以塔湖庙为中心的公共园林，明嘉靖年间为解决村落常遭旱灾的问题，村民筑高寨墙，挖湖堆山，蓄水成湖。该区域有湖、岛、山、堤、亭、庙、戏台、桥等建筑，包括了岩头村“金山十景”中的八景——长堤春晓、丽桥观荷、清沼观鱼、琴屿流莺、笔峰耸翠、水亭秋月、曲流环碧和塔湖印月，寄托着乡村文士们的山水情怀和耕读理想。琴屿是镇南湖和进宦湖之间的水中半岛，宽约 16 米，琴屿南部与汤山相邻，汤山上筑有文峰塔，山下是塔湖庙。塔湖庙坐西南朝东北，是三进院落，供奉着卢氏尊神、袁氏娘娘等守护神。庙门前有戏台，戏台后侧遍植绿树。琴屿北侧是智水湖和进宦湖，丽水湖经丽水桥流入镇南湖，镇南湖东南角的暗渠将渠水经智水湖入进宦湖。智水湖很小，宽约 3 米，长约 16 米；进宦湖呈长方形，宽约 70 米，长约 15 米。

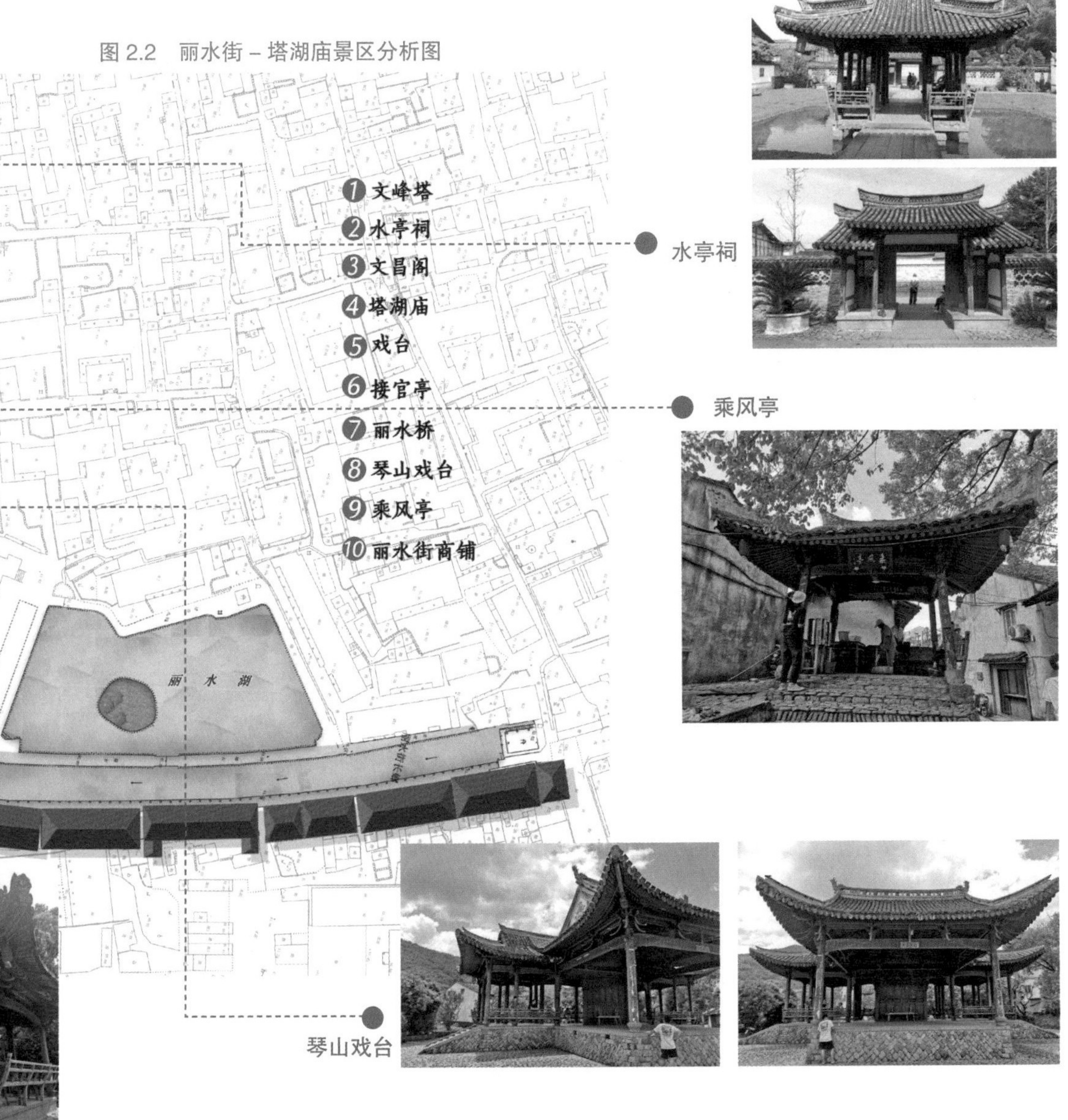

图 2.2　丽水街－塔湖庙景区分析图

2.1.2　芙蓉村

（1）村庄导览
芙蓉古村地处浙江省永嘉县岩头镇南面仙
型村寨。始建于唐代末年，为陈姓聚居之地。
里透红，状如三朵含苞待放之芙蓉，因而得
八斗”的思想进行规划设计，意为天上星与地
北
寨墙
司马第大屋
陈时友宅
司马路
大屋井
陈继欣宅
陈送杰宅
西门
陈继谱宅
仰天井
陈文正宅

图 2.3　芙蓉村导览地图

是一座背靠“芙蓉三冠”，坐落于平地上的大
芙蓉，因其西南山上有三座高崖，其色白
楠溪江各村落中历史最悠久的，按照“七星
星筑台、斗凿池以为象征。

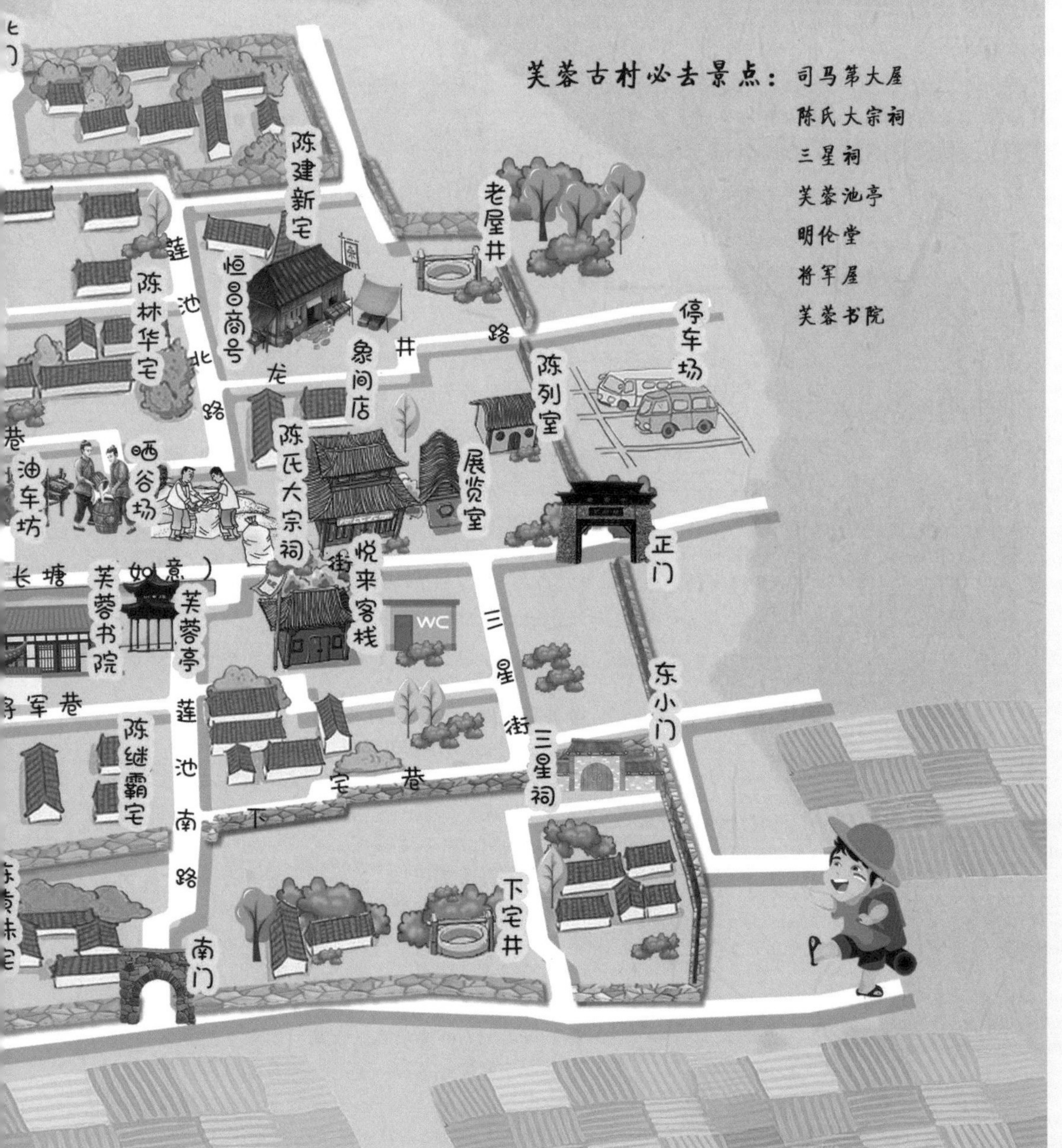

（2）七星八斗的村落格局

芙蓉村是“善于立意，工于布局”的典范，村庄以“七星八斗”来布局[27]。“星”是指道路交汇处的方形平台，多位于丁字路口，高于平地5～10厘米，分别占据村中7个方位，对应天上北斗七星排列，形成北斗七星阵。“斗”是水渠交汇处的方形水池。芙蓉村内有3个水池和5口井，合成八斗。三池包括芙蓉池、陈氏大宗祠的天池和如意街尽头的相承池。5口井分别是大屋井、井头井、上天井、下宅井和老屋井，

芙蓉亭池：芙蓉村内有宽大主街，正对芙蓉峰，取名如意街（长塘街）。沿如意街中间段有一处公共园林，倒映芙蓉峰的芙蓉池，池中央有座芙蓉亭。芙蓉亭平面为方形，建于清代，重檐歇山顶，粗大的柱子外设美人靠。亭子位于芙蓉池中央，左右有石梁通南北两岸。村民洗菜淘米，老人倚栏晒太阳聊天，小孩子在连接岸上的“独木桥”往来穿梭，一派生机。

图2.4 芙蓉亭立面图

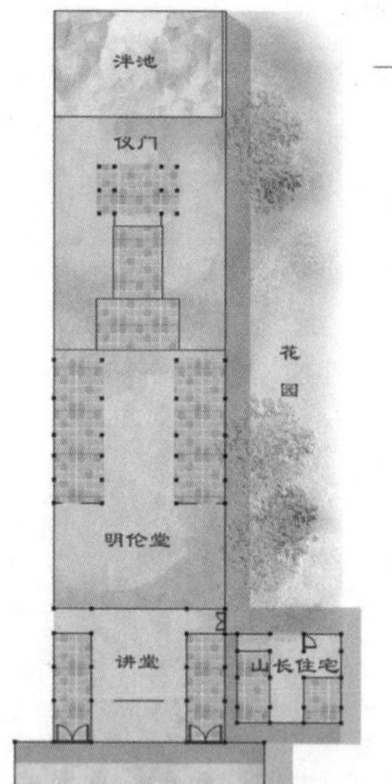

图2.5 芙蓉书院平面图

芙蓉书院：芙蓉书院坐落在村中央，北靠如意街，东临芙蓉池，是一座封闭的内院式建筑，整座书院格局正统，形制规整，由东向西，依次排列着泮池、仪门、杏坛、明伦堂和讲堂。明伦堂后壁中央供奉有孔子的神龛，两侧挂有孔子的一些语录，讲堂后壁开有二扇窗子，通过后面一个很狭的采光天井来透光，以方便学子们学习。书院的南侧有三开间的山长住宅，宅前有一个宽约12米、长约50米的大花园，园内修竹茂密，假山起伏，一条蜿蜒的石径和水溪从中而过，花园有一道小门与讲堂相通。所以这里也是学子们休息或嬉闹的好去处。

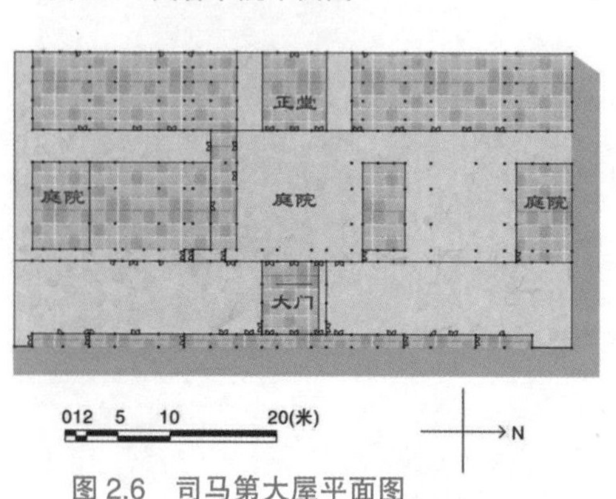

图2.6 司马第大屋平面图

司马第大屋：芙蓉村司马第大屋长约70米，宽约35米。司马第大屋位于芙蓉村的西北角，建于清康熙年间，共36个整间，是由完全相同的三幢二进四合院组成。三座院落用砖墙围护，各有正门。沿中轴线入内，分别是照壁、大门、庭院、厅堂。厅堂分主次，主庭居前，每个厅堂辟一小庭分幅，大屋结构采用传统六架三柱带檐抬梁式木构架，屋面为悬山顶，所用木料考究，以梓木为主，显得凝重坚实，很少使用油漆，以表露木质特有的纹理自然美，装饰艺术精美，像青条石门楣和柱础上石雕，及梁枋、雀替、椽头、门窗格扇上木雕，都有千刻万镂传神之作。司马第大屋第一进的院墙和牌楼均毁于第二次世界大战时期，并一直未能恢复，只留下残破的空斗墙和精美的砖漏花窗供人联想昔日的辉煌。

对应“金、木、水、火、土”，五行俱全。“七星八斗”的村落布局，营造完整的道路与水系体系，不仅方便村民日用洗漱、消防防火，也寄托了美好寓意。上纳天上文曲星宿，寓意芙蓉村的子孙后代人才辈出，犹如天上的星斗一般。芙蓉村文风鼎盛，南宋时出过18位高阶京官，史话“十八金带”。战争时代，“星”可以用来作指挥台，“斗”可以用来贮水以防火攻，体现了村庄设计的精巧用心（徐高峰，2003）。

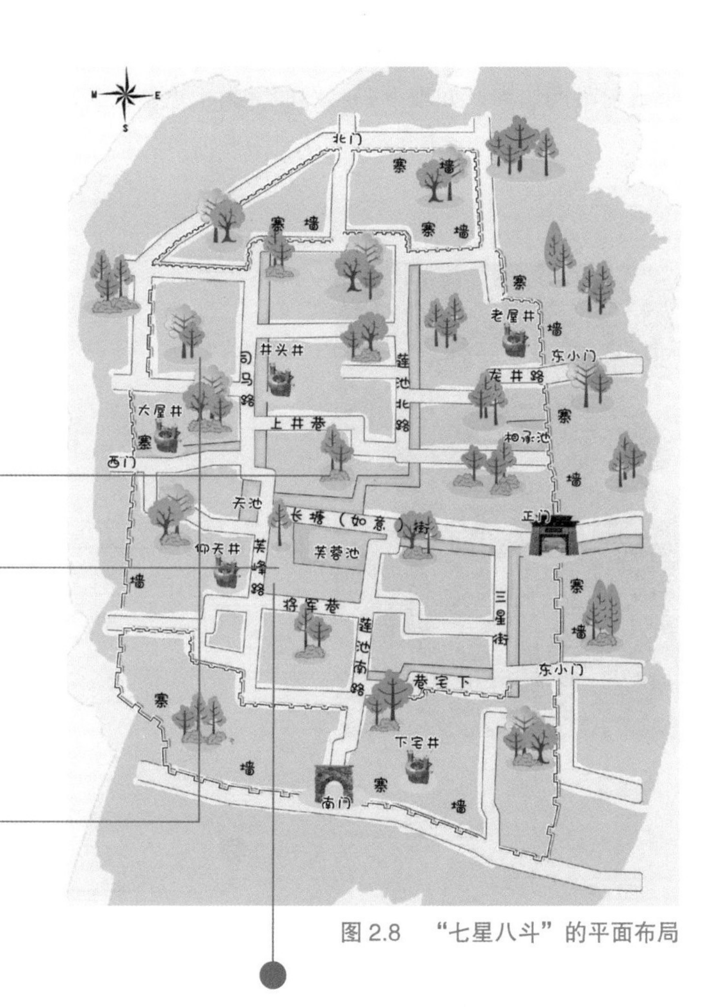

图2.8 “七星八斗”的平面布局

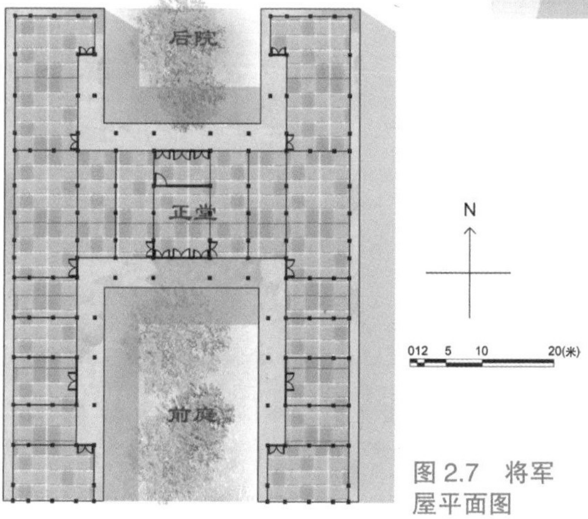

后院
正堂
前庭
N
012 5 10 20(米)

图2.7 将军屋平面图

将军屋：芙蓉村将军屋是国民党第五军少将参谋长陈毓秀的故居，建于清道光年间。这座规模宏敞的“H”字形三合院式建筑长29.7米，宽39.2米，豪华气派，四面高墙，庭院较大，全由卵石铺砌。主建筑九间二横轩，前后二进，前横轩十间，后横轩六间，二层阁楼，重檐悬山屋顶，上覆灰色的鸳鸯瓦。整座建筑匠心别具，镂空雕花，格窗工艺精致，连门台也精美无比、飞翘的檐角有龙头凤尾之兽，檐下饰有精致的窗花。门庭上有一副青石打制的楹联：“礼门义路家规矩，智水仁山古画图”，横批是：“鸿禧燕贺”。

（3）楠溪江流域寨门保留最为完整的村落

楠溪江流域上游地区地势险峻，村落大多位于群山环抱之中，四周山体形成天然屏障。然而楠溪江中游地区村落处在开阔的河谷盆地中，周围无防护体系，因此为了保护村落安全，楠溪江中游几乎每个村落都在外围建造人工寨墙和寨门，有的村落甚至修建望亭、枪眼等，个别村落外围还挖筑一条护村河——寨河，如苍坡村，以此确定村落的边界与范围，防卫宗族间争夺领地和防止异族入侵。有些村落其本身就具备了较好的地势条件，便因地制宜补筑部分寨墙，巧妙地将自然地形和人工体相结合，形成村落的边界，如坦下村。然而，由于近些年村庄进行现代化建设，现在大多数楠

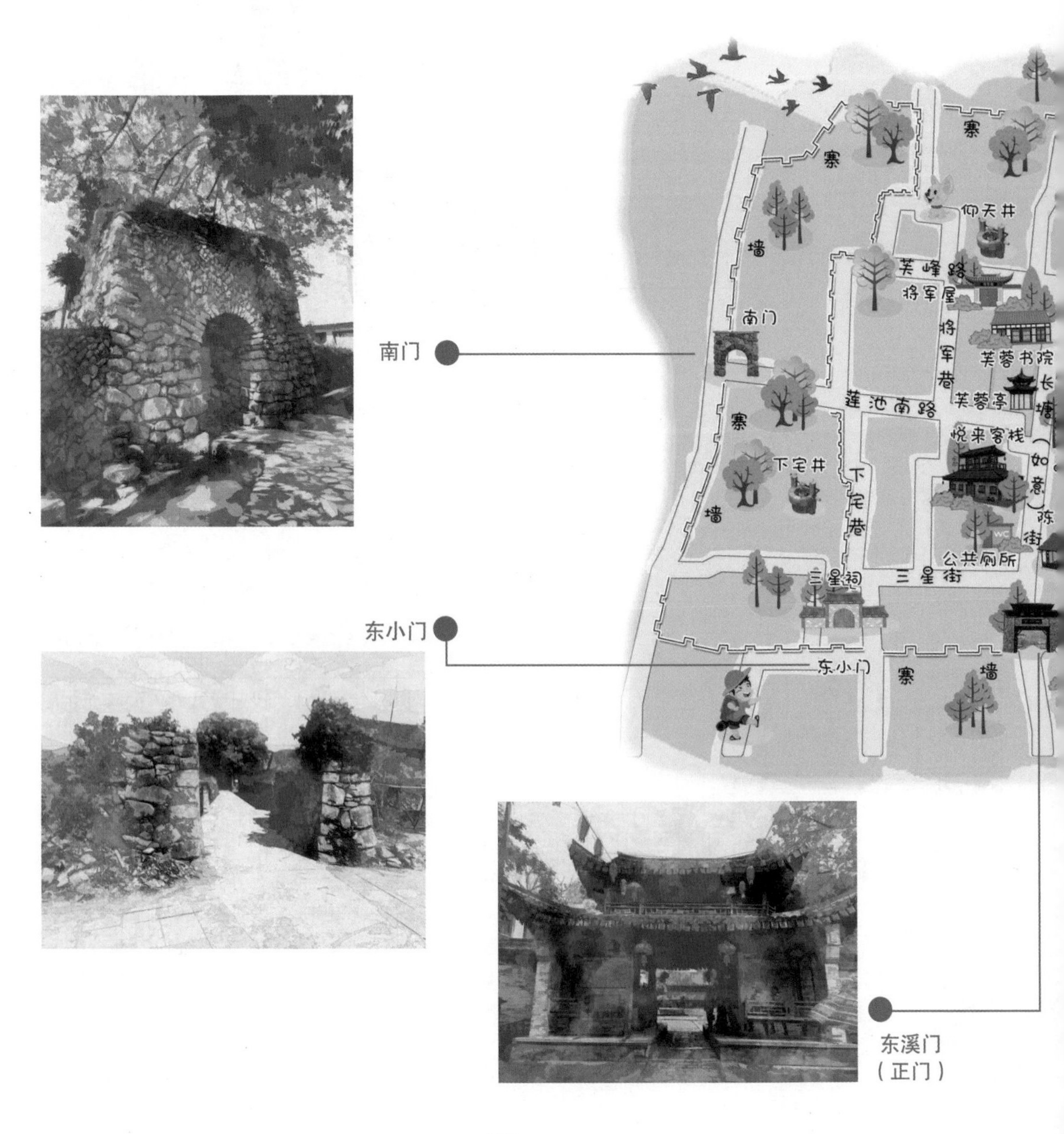

溪江中游地区村庄的寨墙都已被拆除，部分村落仅留有片段寨墙与寨门，也有个别村落至今仍保留完整的寨墙与寨门，如芙蓉村等。芙蓉村用蛮石垒起厚厚寨墙，高度在2米左右，东西各一道，南北各两道。外围寨墙上共开设7个寨门，分别为东门、2处东小门、北门、西北门、西门和南门。正门在村东的溪门，建于元朝至正元年（1341年），是一个两层楼阁式建筑和八字墙，上有谯亭，具有高度的防卫功能，现有售票处。剩下寨门均为简易石门，部分稍有破损（图2.9）。

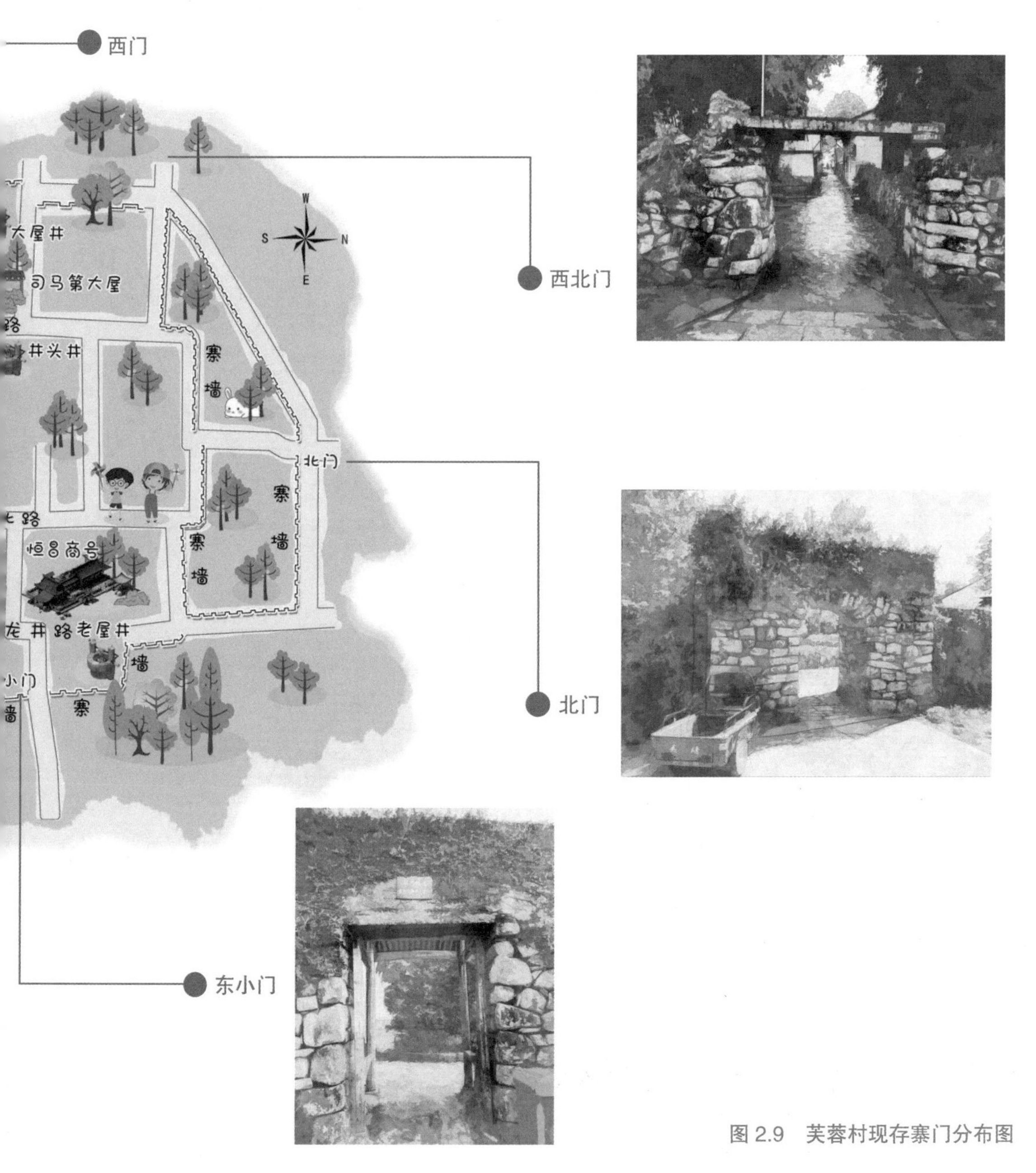

图2.9　芙蓉村现存寨门分布图

2.1.3 苍坡村

苍坡 village
cangpo 村
（1）村庄导览
苍坡村位于岩头镇北面仙清公路西侧，为李姓聚居之地。始建于公元955年，原名苍墩。现存的苍坡村是南宋淳熙五年（1178年）九世祖李嵩邀请国师李时日设计的，至今已有800多年历史，仍然保留有宋代建筑的寨墙、路道、住宅、亭榭、祠庙、水池以及古柏等。苍坡村在村庄的布局构思上，注重蕴含深厚的文化内涵。村庄是以“文房四宝”来进行布局。
苍坡村必去景点：
李氏大宗祠
水月堂
仁济庙
望兄亭
溪门
文明西街36号
苍坡小学

图 2.10 苍坡村导览地图

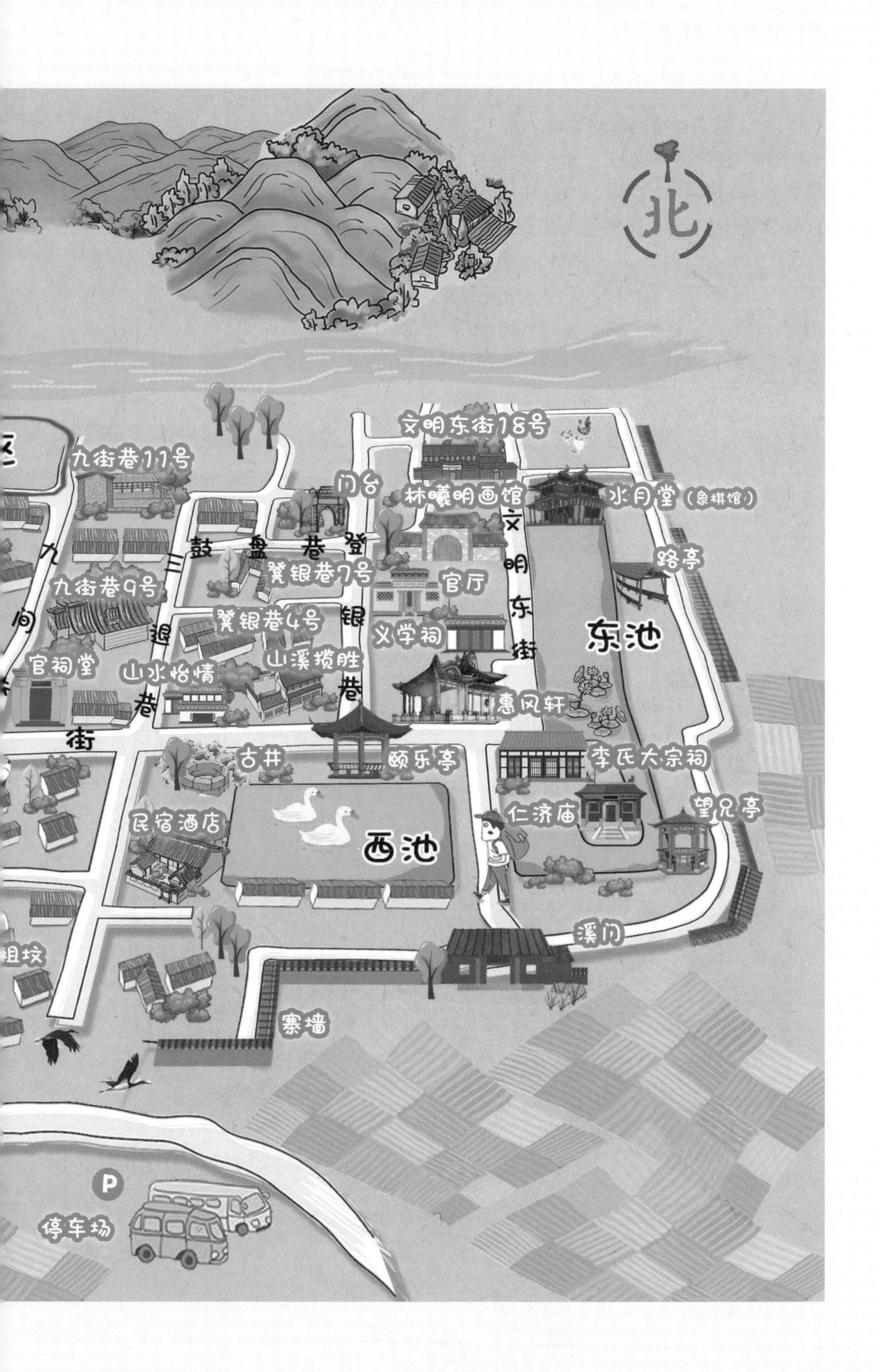
北
文明东街18号
九街巷11号
门台
林曦明画馆
水月堂（象棋馆）
鼓
盘
巷
登
路亭
文
明
东
街
九
间
三
九街巷9号
凳银巷7号
官厅
凳银巷4号
银
退
义学祠
东池
官祠堂
山水怡情
山溪揽胜
巷
惠风轩
卷
街
古井
颐乐亭
李氏大宗祠
望兄亭
仁济庙
民宿酒店
西池
溪门
祖坟
寨墙
P
停车场

（2）文房四宝的风水夙愿

苍坡村村落布局以“文房四宝”为主题，巧借村外文笔峰之景，村东南凿池为砚，筑直街为笔，以全村为纸，池边置大条石为墨（明延和，2018）。据说南宋时期，九世祖李嵩邀请李时日国师按照阴阳五行原理作村庄规划。他认为苍坡村东面是大片森林，东方属木，无水易被火冲。西侧有笔架山三峰并立，如火焰，南北面又无水，村庄火气太重，有火灾风险，需要开渠引溪水克火。因此，苍坡村民开挖拦蓄溪水作东西池。结合兴文运的理念，将两个池子比作砚池。西池北面铺砌长 330 米的主街，取名为“笔街”。笔街直对西侧笔架山，村庄地势平坦如一张纸，于是“笔、墨、纸、砚”的“文房四宝”格局正式形成，造就了苍坡李氏家族后代忠良辈出、科举功名成就者无数、进士不计其数的优良文风。

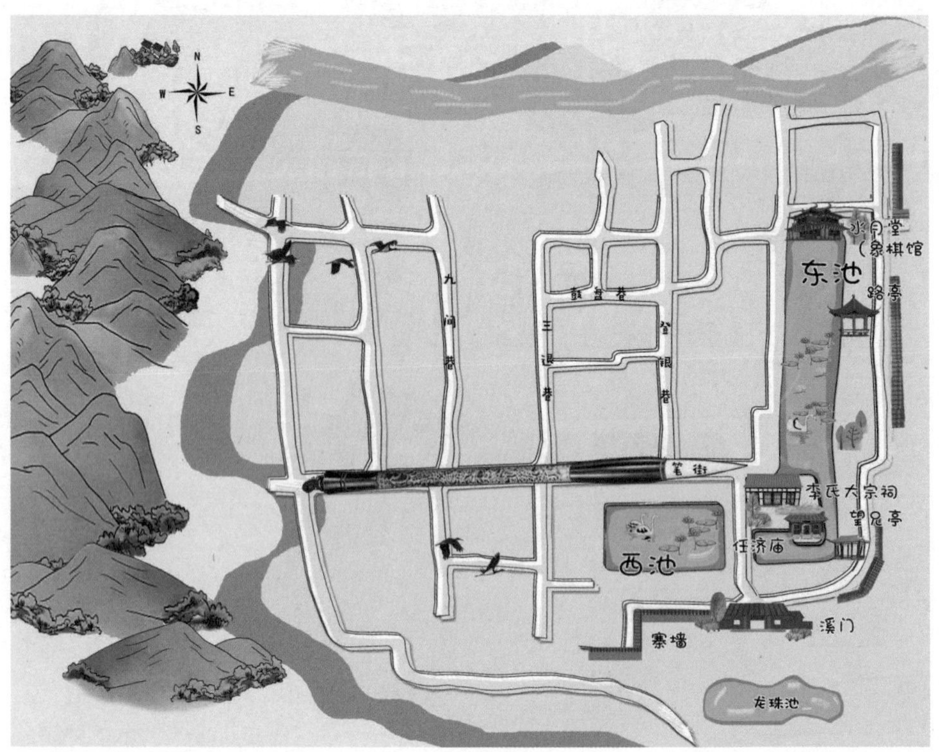

图 2.11　苍坡村文房四宝布局示意图

（3）李氏大宗－仁济庙礼制中心

苍坡村李氏大宗和仁济庙围成的园林式村落公共空间是楠溪江流域传统村落中艺术造诣较高且保存较完整的礼制中心。李氏大宗位于苍坡村东南角，与“砚池”西池隔桥相望，是一处四合院。李氏大宗前方是一个沟通东西两大池的小方池，同大宗紧临，占据方池，如其他宗祠一样，庭院正中间分布有一个木质大戏台，歇山顶（李晓云，2016）。宗祠在临水的一侧修建了由墙壁隔开的“美人靠”，坐在“美人靠”上可以舒适地欣赏池中游鱼、庙前古柏和更前方的望兄亭。仁济庙位于李氏大宗东侧，四合院式，是苍坡村的崇祀中心，祭奉平水圣王周凯。门屋与正殿都是五开间，由十世祖李伯钧于宁孝宗淳熙十四年（1187 年）始建。仁济庙院内有一方水院，引外塘水入内，四周也设“美人靠”。

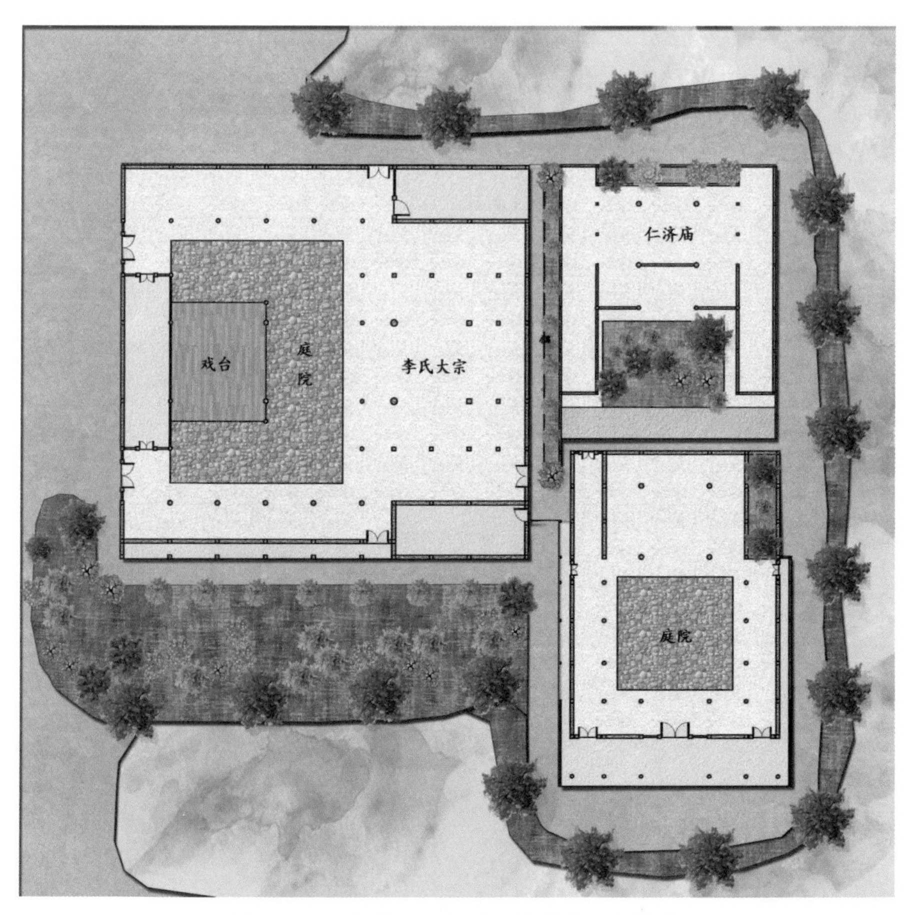

图 2.12　李氏大宗－仁济庙礼制中心平面图

2.1.4 南垟村

图 2.13 南垟村导览地图

（1）村庄导览

岩头镇南垟村位于楠溪江支流五尺溪畔，距永嘉县北部经济中心重镇岩头镇3.5公里。五尺溪和龙溪在村东南边上交汇，岩表公路在村口经过。东与岭根村接壤，南与岩头镇湾里村为邻，西与林山村相连，北与下宅村毗邻。该村村民均为金姓，始祖从岩头迁居于此地，至今已有14代，约有300多年历史。列入文保单位的古建筑共有八座，大多是古民居。

村内自然环境良好，地势西低东高，南低北高，高差较大，高程在50~80米之间，地形以山林丘地为主。

南垟村必去景点：

白鹤殿　金顺连宅　金祥宝宅　金福春宅

村内自然环境良好，地势西低东高，南低北高，高差较大，高程

（2）拥有众多文保古宅的楠溪古村

岩头镇南垟村位于永嘉县北部山区，距岩头镇4公里，五尺溪和龙溪在村东南边上交汇，岩表公路在村口经过。村庄在楠溪江景区三级保护区内，与楠溪江核心景区有一定距离。该村村民均为金姓，始祖从岩头迁居于此地，至今已有14代，300多年历史。2011年，南垟村古建筑群因建筑规模宏大，雕刻繁多，具有一定的历史、艺术价值，被

图 2.14　金顺连、金祥宝、金福春宅鸟瞰图

金可皮宅：三合院，正屋为五间二层，梁架以及木窗上雕饰精美。

金顺连宅：三合院，正屋为七间二层，双落翼悬山顶，两侧厢房为带前廊硬山建筑。屋脊门台均有吻兽，门台为仿木构砖砌结构，院内地面用鹅卵石铺砌，全屋已修葺保存，是南垟村保存现状最好的民居。

金祥宝宅：三合院带一字形偏房，正屋为七间二层，双落翼悬山顶，两侧厢房为带前廊硬山建筑。门台为仿木构砖砌结构，院内地面用方形石块铺砌，这在楠溪江流域传统村落中较为少见，民居保存状况一般。

图 2.15　村庄鸟瞰图

金福春宅：三合院，正屋为七间二层，双落翼悬山顶，两侧厢房为带前廊硬山建筑。是村内建筑体量最大的民居，房屋内木雕精美。

图 2.16　南垟村民居分布图

列为浙江省第六批文保单位。列入文保单位古建筑共有八座，大多是古民居，占地面积较大，均建于清代。在古民居中，村中最为典型的为金氏三代金顺连、金祥宝和金福春宅。宅院呈前后三个合院，中间以避弄分隔。建于清中期至晚期，由照壁、门台、厢房、正屋等组成。

金三春宅：三合院，正屋为五间二层，木构门台具有楠溪江的特色，但房屋现状已破损失修。

金大为宅：三合院，正屋为七间二层，双落翼悬山顶，两侧厢房已被改建成现代民居。木构门台具有楠溪江的特色。房屋内多处是木雕装饰，十分精美。

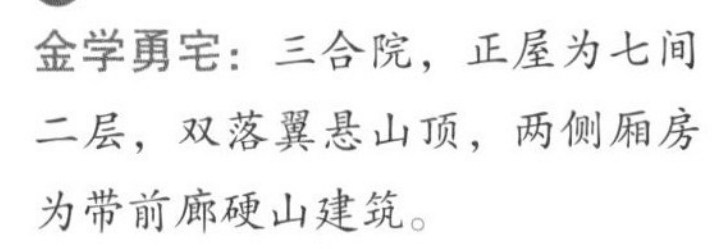

金学勇宅：三合院，正屋为七间二层，双落翼悬山顶，两侧厢房为带前廊硬山建筑。

金寿卿宅：“一”字形民居，正屋为四间二层。

金可强宅：“凹”字形民居，正屋为五间二层，双落翼悬山顶。

金陈送宅：“一”字形民居，正屋为五间二层。

金送国宅：“一”字形民居，正屋为五间二层。

表 2.1　垟村传统民居建筑表

序号	建筑名称	建筑占地(米^2)	建筑年代	建筑规模现状
1	金福春宅	2 467	清	十五间一进二层
2	金祥宝宅	1 953	清	十八间一进二层
3	金顺连宅	1 258	清	十五间一进二层
4	金可皮宅	934	清	十一间一进二层
5	金三春宅	1 139	清	十三间一进二层
6	金大为宅	2 002	清	十七间一进二层
7	金学勇宅	1 316	清	十五间一进二层
8	金寿卿宅	1 357	清	四间一进二层
9	金送国宅	1 189	清	五间一进二层
10	金陈送宅	1 391	清	五间一进二层
11	金可强宅	1 400	清	九间一进二层

2.1.5 周宅村

图 2.17 周宅村导览地图

（1）村庄导览

周宅村位于温州市永嘉县岩头镇楠溪江边，41省道穿村而过，与鹤盛镇上日川村隔溪相望，与渡头村港头村相邻。风景秀丽，气候温和，广聚人气。村内有一古风格豪宅、古门台“溪山一览”。豪宅为民国晚期名医周子磐所建，他悬壶济世，妙手回春，为人节俭。温州著名书法家马公望为其宅第题写对联。

周宅村必去景点：

仙霞路47号“溪山一览”

国宝宗祠

（2）精美绝伦的古门台

周宅村溪山一览门台建于民国晚期，是楠溪山名医周子磐所建。相传周子磐在岩头镇的丽水街与岩坦镇的张溪大街等地均建有连锁药堂，积累了大量财富，故建设七间两厢房豪宅，门台就是豪宅的重要组成部分。门台上有温州著名的书法家马公望题写的对联，上联：潆洄水抱中和气；下联：平远山如蕴藉人。门台横批开始写的是“楠溪第一”，但有一些知识分子认为过于张扬，于是改为“溪山一览”。整个门台精雕细琢，镂雕、透雕等多种工艺并用，雕刻有人物图、松鹤图等十几幅主题画，细节处均用藤蔓花瓣装饰，十分大气豪华。门外雕刻着戏文典故，门内有三星“福、禄、寿”画面。然而受历史影响，破坏严重，留存的精美作品中也大多部分头像残缺。

图 2.18　门台主体细节图

门台主体：门楼正面以“溪山一览”为中心，匾额四周以桃、石榴、花草纹装饰，桃形态各异，石榴籽粒饱满，表现出富足的生活。传统的回纹、花草纹循环往复，各不相同。回纹的上方有 15 个造型别样的动物装饰，起到镇宅辟邪的作用。匾额左右两侧雕刻有亭台楼阁和人物故事，内容已不可考。人物头部虽已损毁，但残留的衣服线条仍十分清晰，人物扭动的姿态也很生动。匾额下方也是花草纹装饰，但中间还雕刻了两个打斗的人物，右侧的人物两脚张开，跃跃欲试，非常生动。门楼背面以福禄寿三星为主体，两侧雕刻有松鹤图和人物图，三幅图中间用四个蝴蝶状石柱装饰，里面雕刻着花草纹、鱼纹，形制比较独特。

表 2.2　门台装饰表

样式	保存状况	主题类型	表达元素	寓意考究
样式 1	良好	植物	桃、石榴	生活富足，多子
样式 2	良好	其他	回纹	源远流长、生生不息
样式 3	良好	动物	不可考	镇宅辟邪
样式 4	一般	人物故事	不可考	不可考
样式 5	一般	人物故事	不可考	不可考
样式 6	良好	植物	花草纹	富贵
样式 7	良好	其他	回纹	源远流长、生生不息
样式 8	良好	植物	卷草纹	福寿绵延幸福长久
样式 9	一般	植物、动物	松鹿图	长寿繁华
样式 10	良好	植物	花卉	富贵
样式 11	良好	人物	福禄寿三星	福禄寿
样式 12	良好	植物、动物	松鹤图	松鹤延年

图 2.19　八字墙细节图

八字墙：门台两边八字墙正面雕刻的内容相似，仅中间主图的人物故事内容不一样。左侧内容相对完整，只有头部残损，衣服雕刻的花纹比较细腻，衣纹灵动潇洒。盛开的梅花花朵攒簇枝头，两侧装饰已全部脱落。背面中间主图空白，四周装饰八宝纹理，四角各有一只蝴蝶。上方有兰草、桃等装饰，寄托大户人家对美好生活的向往。

表 2.3　八字墙装饰表

样式	保存状况	主题类型	表达元素	寓意考究	精美程度
样式 1	一般	人物故事	不可考	不可考	精美
样式 2	一般	人物故事	不可考	不可考	精美
样式 3	良好	植物、动物、其他	花草、蝴蝶、八宝	生活富足、美满	精美
样式 4	良好	植物	兰草、桃	高洁、美满	精美

图 2.20　“溪山一览”古门台外观图

图 2.21　柱础细节图

柱础：该民居有两处雕刻精美的柱础。一种是雕刻葡萄花纹，纹饰流畅，象征着富足的生活。另一种是满雕的柱础，下方雕刻着回纹，中间是卷草和锯齿纹，上方是花草纹。整体的雕刻非常大气，体现着主人殷实的家境。

表 2.4　柱础装饰表

样式	保存状况	主题类型	表达元素	寓意考究	精美程度
样式 1	良好	植物、其他	花草、回纹、锯齿纹	源远流长、生活美好	精美
样式 1	良好	植物	葡萄	生活富足	精美

2.2 枫林镇

2.2.1 枫林古镇

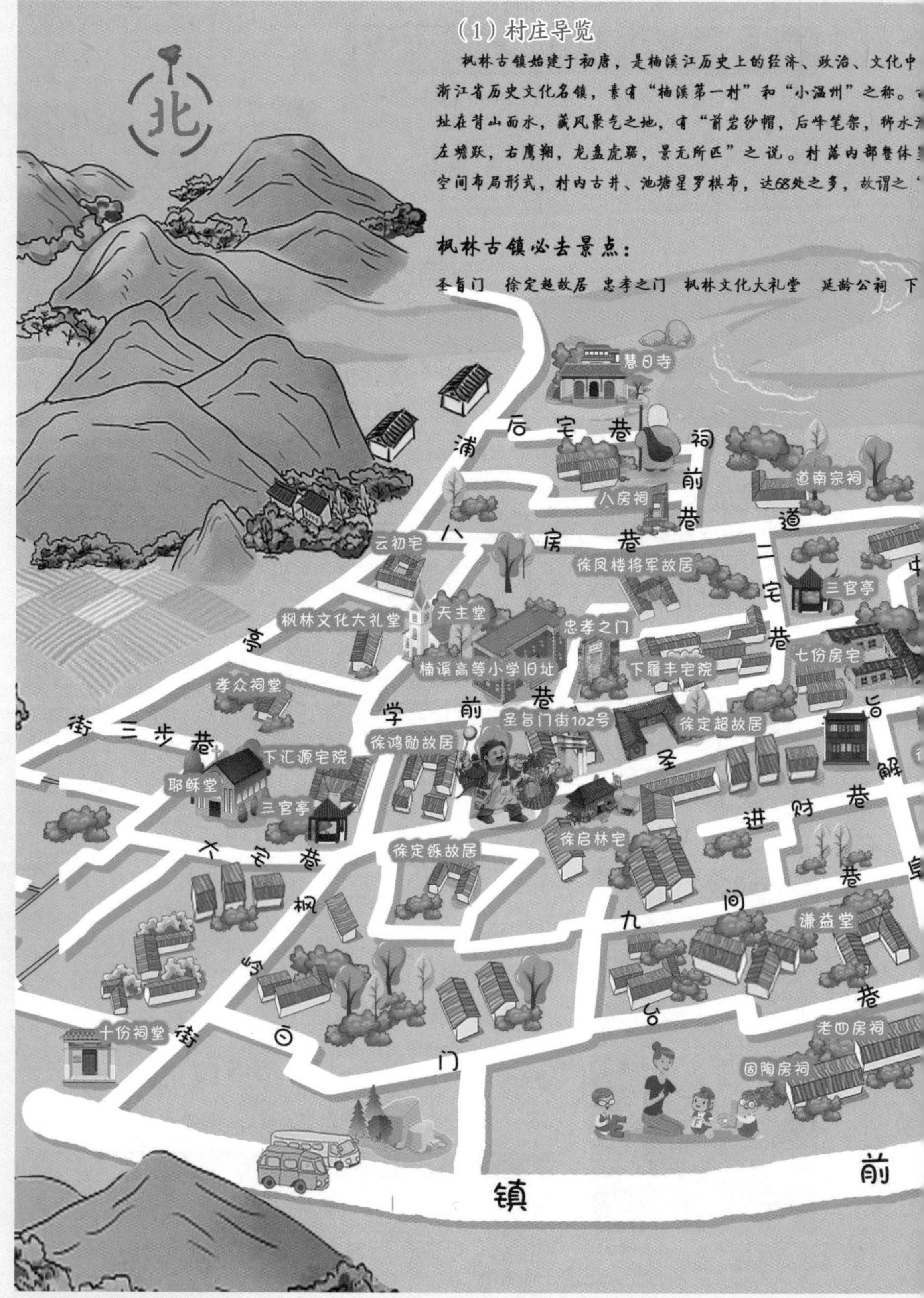

北
（1）村庄导览
枫林古镇始建于初唐，是楠溪江历史上的经济、政治、文化中
浙江省历史文化名镇，素有“楠溪第一村”和“小温州”之称。
址在背山面水，藏风聚气之地，有“前岩纱帽，后峰笔架，狮水
左蟾跃，右鹰翔，龙盘虎踞，景无所匹”之说。村落内部整体
空间布局形式，村内古井、池塘星罗棋布，达68处之多，故谓之
枫林古镇必去景点：
圣旨门　徐定超故居　忠孝之门　枫林文化大礼堂　延龄公祠　下
慧日寺
后宅巷
祠前巷
道南宗祠
八房祠
八房巷
道二宅巷
云初宅
徐凤楼将军故居
三官亭
天主堂
枫林文化大礼堂
忠孝之门
楠溪高等小学旧址
下履丰宅院
七份房宅
孝众祠堂
街三步巷
学前巷
圣旨门街102号
徐定超故居
徐鸿勋故居
下汇源宅院
耶稣堂
三官亭
大宅巷
徐启林宅
进财巷
徐定铄故居
九间巷
谦益堂
老四房祠
固陶房祠
十份祠堂
镇
前

图 2.22　枫林古镇导览地图

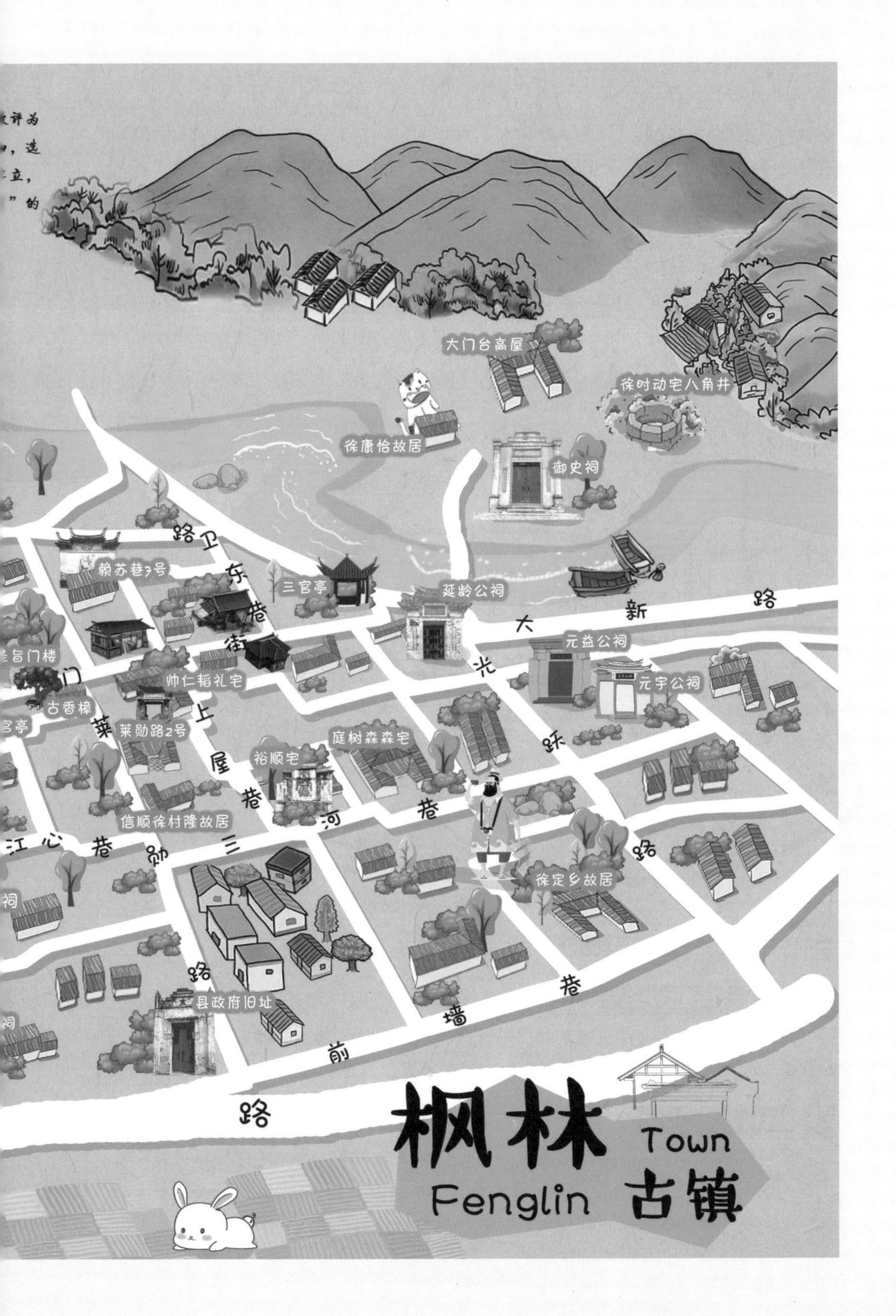

大门台高屋
徐时动宅八角井
徐康怡故居
御史祠
赖苏巷7号
三官亭
延龄公祠
元益公祠
元宇公祠
帅仁韬礼宅
古香樟
莱勋路2号
庭树森森宅
裕顺宅
信顺徐村隆故居
徐定乡故居
县政府旧址
大新路
光跃路
上屋巷
江心巷
前墙巷
枫林
Town
Fenglin
古镇

（2）楠溪江流域传统街巷缩影

街巷是村落空间结构的骨架和支撑，承担着组织交通、社会交往等多种功能，其现状与发展都将决定着现在和未来的村落形态和空间格局，是传统村落风貌中最具代表性的要素。枫林古镇至今仍保存着相对完整的传统街巷体系，街巷空间蕴含了浙南地域文化的大量信息，成为挖掘浙南传统文化的稀有宝藏（邱丽萍，2016）。

枫林古镇街巷系统属于棋盘网格式布局形式，主次巷脉络清晰，内聚性强，街巷之间相互连通多呈环状，极少有断头路（林箐等，2011）。街巷按照主街、次路、巷道三级序列展开，共有33条，大多仍保留原有的名字。其中主街共3条，东西向两条，间距100～150米，南北向一条。次路共4条，多为南北向，间距200～300米。巷道共26条，南北走向8条，东西走向共18条。

图 2.23　枫林古镇街巷结构图

➲ 枫林古镇传统街巷空间特征

1　街巷宽窄多随民居自由变化

主街和巷道通常都不是宽度相同的直线，而是折线、曲线穿插分布，空间随之不断收缩、放大或者转折，视线时而开阔，时而闭塞，周边民居、水塘、田园时隐时现。

2　街巷铺装样式精美

枫林古镇虽然不少道路改用混凝土铺设，但圣旨门街、解阜巷等仍保留着条石、片石、卵石搭配的铺装形式。圣旨门街全长500多米，道路宽度在2.2～4.6米，承担商业交往功能，铺装采用硬度较高、抗压能力较强的条石、地砖等，中间采用方块石斜铺＋青石板，两侧铺设大块鹅卵石，局部镶嵌花草图案，精美大气。解阜巷则采用方块石斜铺＋条石，铺装形式随着水塘灵活变化。巷弄是进入院落的通道，宽度狭窄，铺装材料通常比较单一，就地取材，多为卵石路面或水泥路。

图 2.24　圣旨门街（左）、解阜巷（中）、学前巷（右）

3 立面围合方式多样化

枫林古镇中高低错落的屋檐屋顶和虚实交替的空间形成有节奏和韵律的街巷空间，给人以不同的空间感和层次感。从立面围合方式来看，大致可分为建筑－建筑（A）、建筑－围墙（B）、建筑－景观（C）、景观－围墙（D）四类。建筑－建筑（A）街巷两侧均为建筑，视线闭塞，主街（路）旁民居正面朝向主街，巷道多由建筑侧面山墙围合。建筑－景观（C）属于半边街的街巷空间类型，在街巷交叉口、宅旁屋舍分布着开放的河道、水塘或者小空地，村民放置条石板、石墩就成为闲谈聊天、乘凉、晒太阳的场所，也有经过精心规划设计的大型休闲中心，将文人雅客的山水情怀引入村中。建筑－围墙（B）和景观－围墙（D）两种街巷立面形式是指街巷一侧是建筑或者景观，另一侧是庭院围墙。楠溪江流域传统民居庭院空间并不像其他徽派、苏派民居严谨规整，庭院大多外向开放。一人高的卵石围墙垒筑，与街巷隔离，围墙中间长出杂草和青苔，乡土气息浓郁。

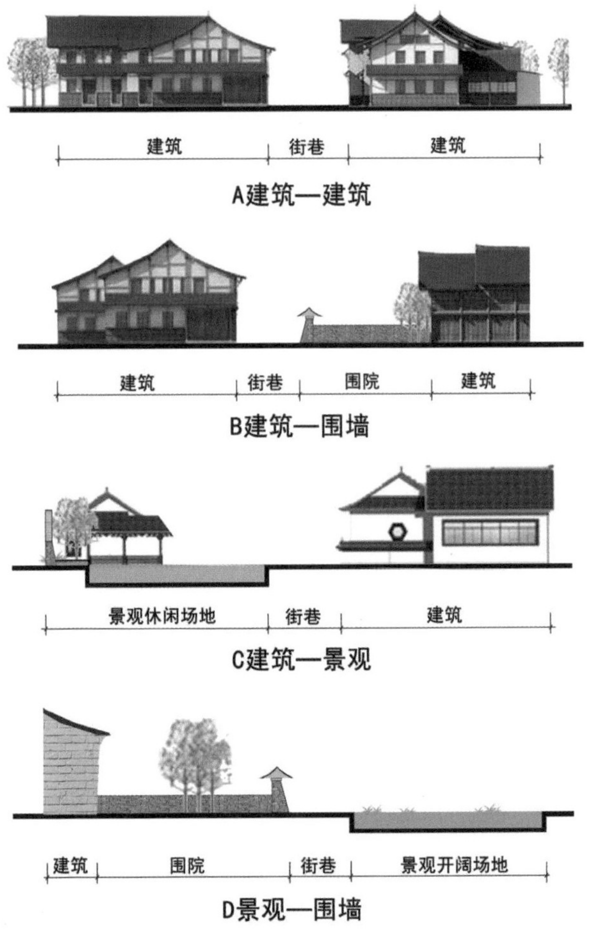

图 2.25　枫林古镇街巷立面围合方式

➲ 街巷空间尺度

街巷的尺度直接影响着人在街道中的舒适程度。芦原义信在《街道的美学》（芦原义信，2017）中通过街道的宽度（*D*）与建筑外墙的高度（*H*）的比值来研究街道空间给人带来的不同心理感受。当 *D/H* 比值约等于 1 时，人的视角为 45°，空间尺度最舒适。当 *D/H* 比值小于 0.5 时，即街道宽度小于建筑立面高度，街巷空间局促，人们会出现紧张、害怕、压抑的情绪。相反，当 *D/H* 比值大于 2 时，即街道周边建筑离得很远或者很矮，街巷空间围合感弱，这类空间往往给人空旷、冷漠、疏远的感觉。

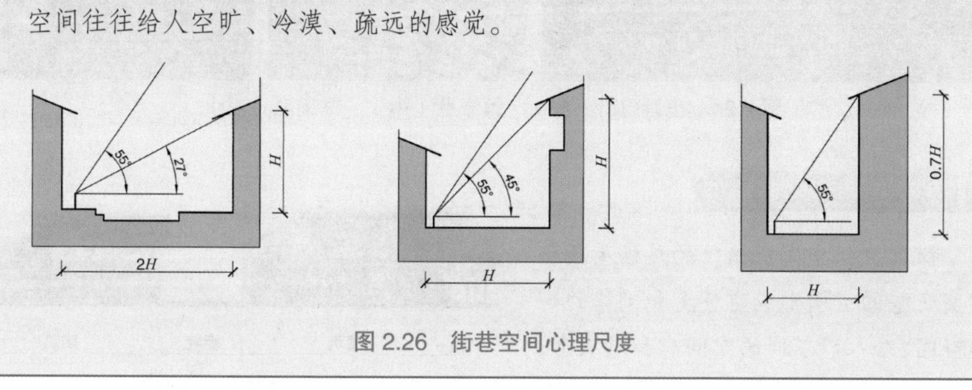

图 2.26　街巷空间心理尺度

枫林古镇街巷 *D/H* 值在 0.2～1 之间变化，主次街为 0.5～0.6，巷道为 0.2～0.4，内部空间狭窄，视线与建筑大多呈大于 60° 角。这一方面是由于楠溪江流域传统村落形制较小，街巷多为传统生活性巷道，以通行为主要目的。另一方面，枫林镇临近楠溪江干流，是水运集散物流中心，山环水抱的地理环境因素导致建设面积有限，对街巷尺度形成决定性的限制。从实际的空间感受来看，枫林古镇尺度感适宜的街巷 *D/H* 值在 0.6～1 之间。因此，本研究将阈值分为三类（ A 类 0.2～0.6、B 类 0.6～1、C 类 >1.0)。A 类街巷两侧建筑多四五层，道路宽度狭窄，给人的心理感受很压抑，如卫东巷、三河巷等。也有部分次路路面较宽，但周边建筑高，*D/H* 值为 0.4～0.6，如枫林街、浦亭街等。B 类街巷两侧建筑多二三层且街巷宽阔，视觉感受舒适宜人，如莱勋路、圣旨门街、光跃路、祠后巷等。C 类街巷两侧主要为空地或景观，给人的心理感受空旷疏远，如道南路 *D/H* 值远大于 2，周边大多为绿地或空地，视线空旷开阔。总体来说，枫林传统街巷 *D/H* 值呈现“西南小，东北大”的分布特征。枫岭街以西靠近镇前路建筑风貌保存较差，多改造为四五层民房，道路又狭窄，街巷尺度紧张局促。以圣旨门街、解阜巷为中心的历史老城区，传统风貌保存最好，街巷几乎无拓宽，街巷尺度宜人。而随着古镇向东北侧延伸，新建道路双向拓宽，街巷尺度明显增大。

级别	A 类 *D*/*H* 值（0.2 ～ 0.6）						
断面							
街巷	三河巷	二宅巷	和风巷	九间巷	浦亭街	枫岭街	解阜巷
D/*H* 比例	0.2	0.23	0.38	0.41	0.43	0.56	0.58
心理感受	压抑	压抑	压抑	一般	一般	一般	一般
级别	B 类 *D*/*H* 值（0.6 ～ 1.0）					C 类 *D*/*H* 值（＞ 1.0）	
断面							
街巷	上屋巷	圣旨门街	奎星巷	祠后巷	裕大巷	光跃路（23 段）	道南路
D/*H* 比例	0.61	0.62	0.67	0.87	0.92	1.19	＞ 2
心理感受	较舒适	较舒适	较舒适	舒适	舒适	开阔、空旷	开阔、空旷

图 2.27　主要街巷断面图

图 2.28　街巷 *D*/*H* 值平面分布图

➲ 街巷交叉路口

在古代城镇传统街巷规划中，街巷交叉口多呈“T”字形或“Z”字形布局，贯通南北或者东西的街巷很少，也极少直接出现“十”字形的交叉路口，即使“十”字交叉口的街道也是错开对位的。据说这是因为“T”字形路有利于巷战（黄琴诗，2014），是出于城市防御的需求。也有人认为“T”字形路划分方式与农田田亩分隔类似（郭超，2010）。枫林古镇历来是楠溪江流域军事重镇，街道错综复杂，保留着戎马倥偬的踪迹，大大小小 33 条街巷共构成了共 117 个节点。因此，节点交叉口的形状同样以“T”字形交叉路口为主，共 52 处，此外还有“Z”字形、错位交叉的“十”字形、“L”字形、“Y”字形等。

类型	数量	比例	典型形式
“T”字形	52 处	44.44%	
“Z”字形	21 处	17.95%	
“十”字形	18 处	15.38%	
“L”字形	14 处	11.97%	
“Y”字形	12 处	10.26%	

图 2.29　街巷交叉口类型分布图

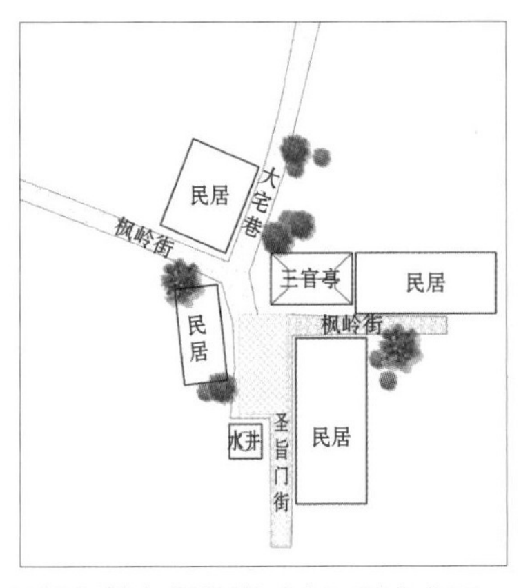

圣旨门街与枫岭街“十”形字交叉口

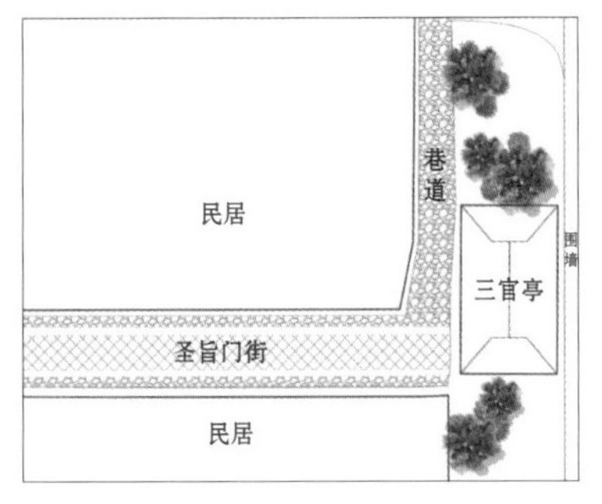

圣旨门街“L”形路口

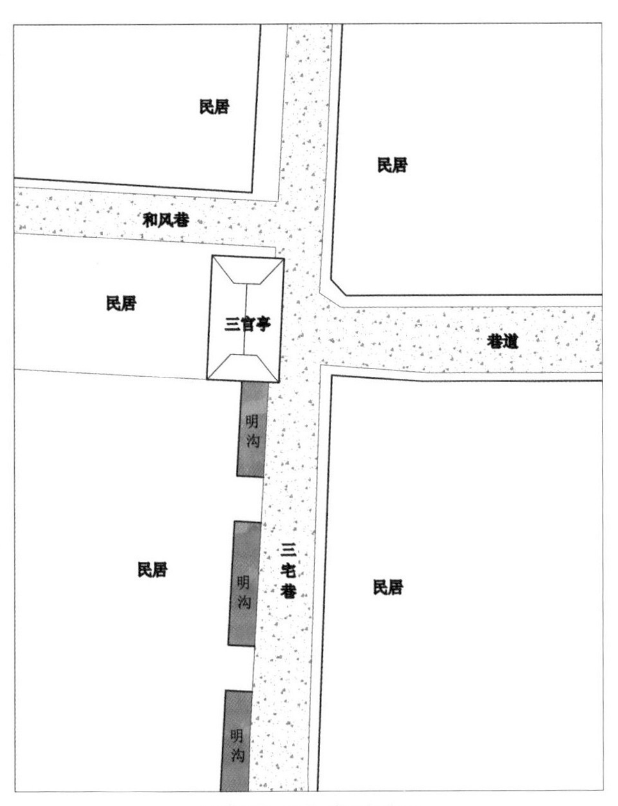

三宅巷“T”字形路口

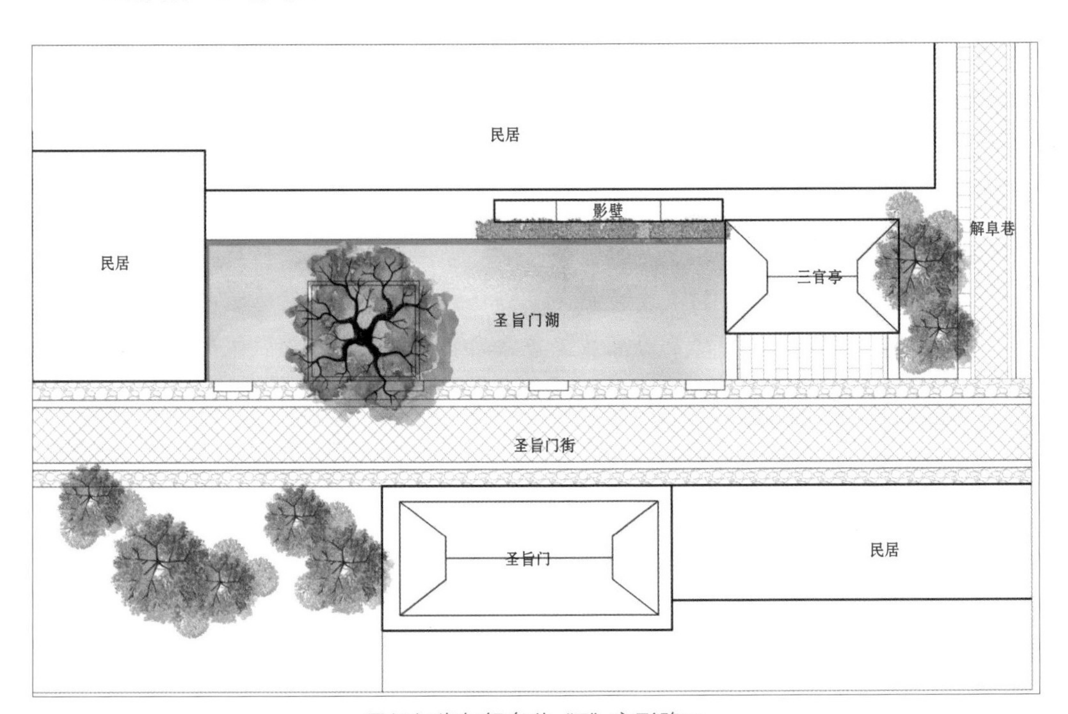

圣旨门街与解阜巷“T”字形路口

图 2.30　街巷交叉口形式举例

（3）灰塑——中国民间传统雕刻艺术

灰塑是中国民间传统雕刻艺术，凭借其逼真的造型、圆润细腻的手法、流畅洒脱的纹饰，在房屋构件、实用物品的艺术表达上有着不可替代的作用。枫林镇作为省级历史文化名镇，历史上一直是楠溪江流域经济、政治、教育文化中心。枫林镇的古建筑虽然并不比其他乡镇多，但建筑灰塑却十分丰富，涉及部位多，雕刻的内容多样，雕刻手法细腻真实，引人入胜。

灰塑古称灰批，材料以石灰为主，作品依附于建筑墙壁上沿和屋脊上或其他建筑工艺上，渊源甚早，以明清两代最为盛行，尤以祠堂、寺庙和豪门大宅用得最多。

工序介绍：固定骨架（用钢钉、铜线捆绑成所需要的灰塑骨架形状与大小）——造型打底（在骨架周围用草根灰进行初次灰塑形象打底，每制一层草根灰必须压紧，直至用草根灰将灰塑定型）——批灰（用纸筋灰在草根灰表面进行造型与神态批灰，使灰塑平滑、细腻、传神）——上彩（纸筋灰当天上彩绘，灰塑与颜料同步氧化，令灰塑颜色鲜艳，保持的时间长、不褪色）。

➲屋顶装饰

楠溪江流域传统民居屋顶是灰塑装饰的重点，屋脊雕花、飞檐吻兽和瓦当滴水无不显示当地民居的特色。古代的人们为了清理雨水和积雪，常常会把屋顶做成双坡顶，双坡的交线即是屋脊。枫林镇的屋脊雕刻全部是植物主题，雕刻内容主要是牡丹、月季等，也有一些小面积的回纹、卷草纹。匠人借用寓意美好的各色花卉，表达人们对美好生活的向往。民居屋檐向上翘起，若飞举之势，被称为飞檐翘角。飞檐为中国特有的建筑结构（楼庆西，2011），常用在亭、台、楼、阁、宫殿、庙宇等建筑的屋顶转角处，四角翘伸。此外，还有放置在屋脊上的装饰物——脊兽。枫林古镇飞檐吻兽装饰大多包括两类主题。一类是以动物为主题，内容大多以龙吻兽、鸱吻为主，寓意驱凶辟邪。另一类是以云纹为装饰。云纹飘逸，有升起之势，寓意高升、如意。徐定超故居飞檐吻兽雕刻最为细腻，云纹流畅洒脱，一只蝙蝠轻飘于上，并且以花卉作为配饰，借蝙蝠云纹的图案表示福从天降的寓意。中宅巷2号民居的龙吻兽，通过能工巧匠的精心雕刻，将龙吻兽仰天长啸之状生动地刻画出来，表达的是人们祈求驱凶辟邪的愿望。解阜巷7号的飞檐采用的是中国传统的回纹图案，并用竹子进行搭配，表达出源远流长、生生不息的寓意。

图 2.31　屋脊雕花、飞檐吻兽样式图

屋顶上成排的筒瓦为了便于排水不但把瓦头挑伸在外，而且瓦头作封闭状，称为瓦当。滴水是铺在屋顶檐口处的仰瓦，它的功能是便于排泄屋面上的积水，下雨天雨水自屋面的仰瓦下泄，到檐口时能顺着这个仰瓦头滴至地面，从而保护檐口下的结构。滴水根据雕刻的纹饰不同，分为“文滴”“画滴”。滴水的形状也多种多样，分为圆形、三角形、长方形等。枫林古镇瓦当滴水形式和类型多样，有“文滴”2 种，“画滴”9 种。主题包括人物、植物、文字、动物等。如大宅巷 1 号民居雕刻两个活泼的孩童嬉戏练武，祠堂瓦当采用表情狰狞的虎面，还有双蝠捧寿等纹样。

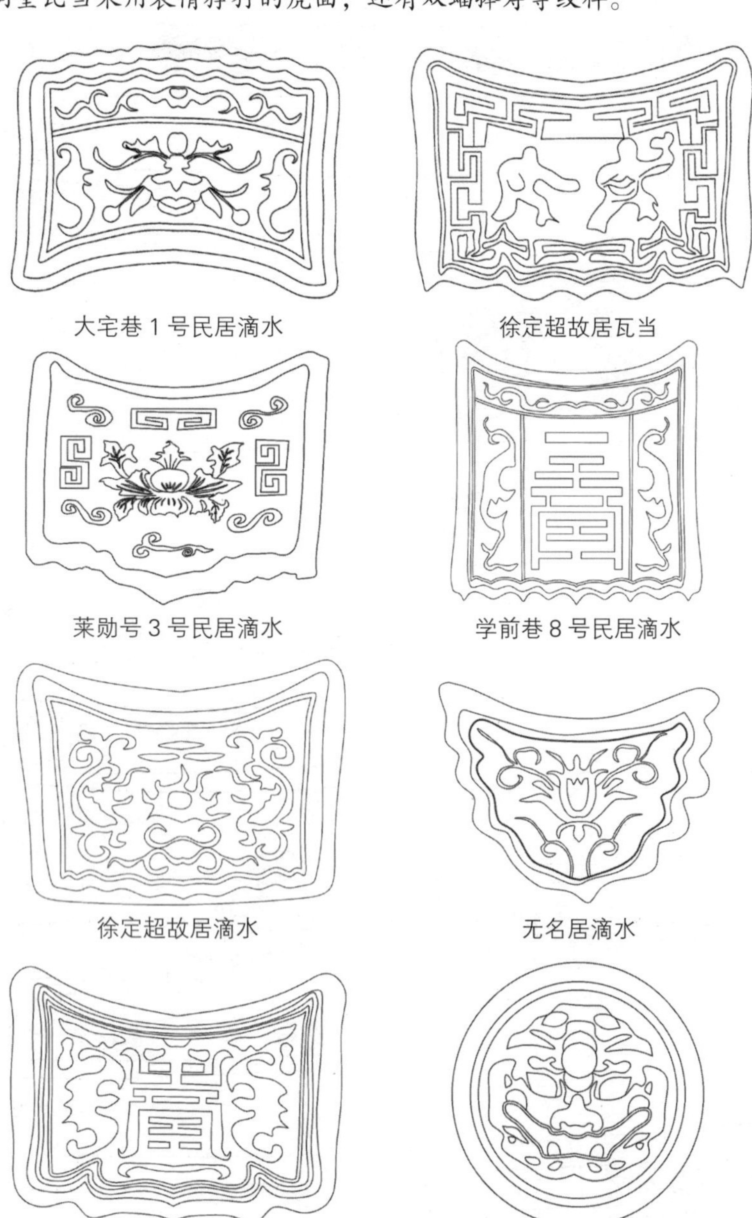
大宅巷 1 号民居滴水　徐定超故居瓦当
莱勋号 3 号民居滴水　学前巷 8 号民居滴水
徐定超故居滴水　无名居滴水
赖苏巷 5 号民居滴水　祠堂瓦当

图 2.32　滴水瓦当样式图

➲墙面装饰

墀头是楠溪江流域建筑墙面装饰的主要部位。墀头是硬山屋顶房屋山墙伸出檐株以外的顶端部位，分为三部分，下为下碱，中为上身，上为盘头。枫林镇有3处墀头雕刻精美的建筑，分别为圣旨门街古民居、徐定超故居和延龄公祠。徐定超故居的卷草纹墀头，显露出蝙蝠的轻盈之态，体现了工匠高超的技艺。圣旨门街民居保存比较好的一处，建筑、栏杆清晰可见，人物的头部虽有缺失，但人物或窃窃私语，或跃然起舞的身姿完美地呈现出来。

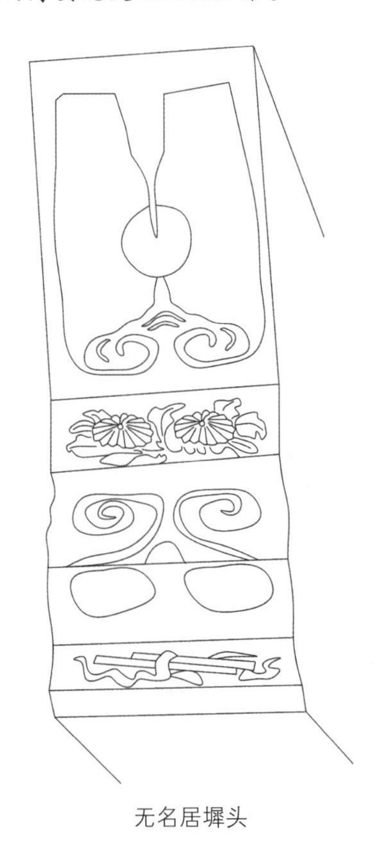

无名居墀头

延龄公祠墀头

无名居墀头侧面雕花

延龄公祠墀头侧面雕花

图2.33　墀头样式图

此外，枫林古镇有几处照壁墙面灰塑艺术水平非常高。照壁是独立于房屋以外的一段墙体，在建筑的大门外，面朝大门并与大门相隔一段距离。枫林镇的照壁大多以“福”字为主题。如学前巷 8 号民居中间“福”字墙体四周装饰花草。两侧花墙采用立体雕塑的形式，左侧透雕花卉纹样，右侧是宝瓶和花卉组合立体雕塑。三河巷 24 号民居照壁上的“福”也与其他不同，这个字的图案含有动物的形象。左边似乎是一只猴驮着一条龙，比较抽象，右边则是“田”上盘着一条蛇。圣旨门前照壁以山水风景为主题，三出檐，飞檐上雕刻龙吻。中心图案是一幅山居图，远处的高山和近处的树木细节刻画得非常到位。

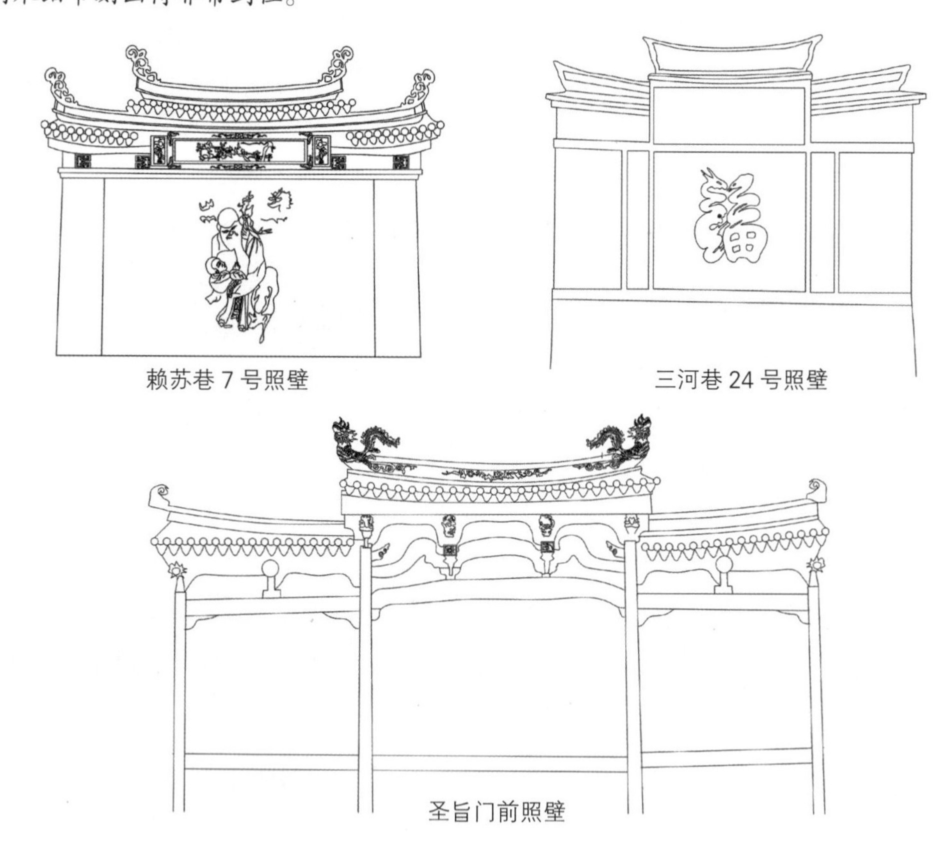

赖苏巷 7 号照壁

三河巷 24 号照壁

圣旨门前照壁

学前巷 8 号照壁及雕花大样

图 2.34　照壁样式图

➲ 门楼装饰

门楼中飞檐、斗拱、门簪等是灰塑技艺的精华。门楼飞檐与民居建筑主体飞檐吻兽装饰主题和内容类似。斗拱是中国建筑中特有的构件，是屋顶与屋身立面的过渡。斗拱主要是由水平放置的斗、升和矩形的拱及斜放的昂等构建组成。传统建筑斗拱主要以木结构为主，但灰塑斗拱是另一种形式。如枫林镇大宅巷1号民居的斗拱，牡丹的纹饰非常细腻，花瓣相互重叠，线条流转自然，一朵牡丹完美呈现出来，人们借此表达出对富贵生活的向往。赖苏巷7号民居的斗拱上的蝴蝶纹饰，用浮雕的技法将蝴蝶的翅膀以及翅膀上的斑点刻画得非常真实，线条虽不多，但是寥寥几笔蝴蝶的形象给人美好的想象，表现出人们幸福的生活。此外，还有以人物故事为主题的斗拱，这类作品不多。赖苏巷7号民居门楼斗拱善财童子居坐中央，面容可爱，服饰的线条清晰可辨，整个人物形象和真实无异。善财童子两旁是花卉的装饰。整个画面稳重平衡，表达出开运纳福的寓意。

赖苏巷7号民居蝴蝶斗拱

赖苏巷7号民居善财童子斗拱

大宅巷1号民居牡丹斗拱

大宅巷1号民居牡丹斗拱

图2.35　门楼斗拱样式图

门簪是用来锁合中槛和连楹的木构件，它就像是一个大木销钉，将相关构件连接到一起。门簪有不做雕刻的，也有做雕刻的。做雕刻的门簪其雕刻部位主要在簪头的正面。枫林镇大宅巷10号民居的门簪成对出现，内容也不一样，雕刻得也非常细致。一个雕刻着合欢树下摆着一张方桌，上有插屏，旁边回纹栏杆旁是一只翩翩起舞的仙鹤。另一个雕刻的是松树下的平地上，有一个长条形的几案，上面摆着诗书，旁边同样有栏杆，并用假山石搭配，一只仙鹿在平地上向后方张望。这两个门簪的内容繁杂，但井井有条，事物组合得非常合理。表达出了人们对高官俸禄、延年益寿的追求。

大宅巷10号民居门楼门簪

大宅巷10号民居门楼门簪

老四方祠门楼门簪

图2.36　门楼门簪样式图

2.3 鹤盛镇

2.3.1 鹤盛村

图 2.37 鹤盛村导览地图

（1）村庄导览

鹤盛村位于楠溪江中游东北向鹤盛溪畔，是通往石桅岩风景区与鹤龙湾谭风景区的必要通道。村落背靠鹤山，三面临溪。村落的住宅多为内向，院落严谨。民居平面分“一”字形、“H”字形、“口”字形等多种形式。村内多处保留防火马头墙，简洁古朴，富有地方特色。

鹤盛村必去景点：

谢氏大宗　邮政路10号 前进街44号 鹤山公园

（2）浙南民居特色马头墙

楠溪江流域中游地区部分地区仍保留少量特色的砖墙山墙，这些山墙大多为砖砌火山墙，多见于大户人家中，形式有观音兜式、马头墙式等，艺术水平很高，在鹤盛镇分布最多。谢氏大宗、前进街民居、邮政路民居、鹤源路民居等四处共有六座马头墙。村落房屋密集，如果相邻民居发生火灾，马头墙能起到隔断火源的作用。硬山式民居左右侧山墙筑成风火墙高于屋顶。马头墙墙身砖砌结构，上覆小青瓦，屋顶随屋面层层跌落，一般为 4 ～ 5 阶，体量较大。民居多为内向，院落严谨，白墙青瓦，明朗而素雅。

鹤源路民居（1）

鹤源路民居（2）

谢氏大宗

邮政路 10 号民居（1）

邮政路 10 号民居（2）

前进街 44 号民居

图 2.38　鹤盛村马头墙实景图

链接

马头墙是徽派建筑的重要特色。在聚族而居的村落中，民居建筑密度较大，不利于防火的矛盾比较突出，而高高的马头墙，能在相邻民居发生火灾的情况下，起到隔断火源的作用，故而马头墙又称为封火墙。马头墙在江南民居中广泛地被采用，有一阶、二阶、三阶、四阶之分，也可称为一叠式、两叠式、三叠式、四叠式，通常三阶、四阶更常见。较大的民居，因有前后马头墙的跌落厅，马头墙的叠数可多至五叠，俗称“五岳朝天”。

（3）谢氏大宗

楠溪江流域传统村落宗祠建筑整体保持着质朴内敛的风格。建筑多为青砖灰瓦木结构，建筑飞檐、壁画、瓦当滴水等构件十分讲究。每个宗祠大门内侧正厅对面大多布置着木构戏台，前凸于院落中。在宗族社会里，戏台是最高级别的文化娱乐设施，也是村民最喜爱的娱乐消遣场所。逢年过节，宗族邀请戏班唱戏，村民集聚一堂，也为村里祈福消灾。

鹤盛村谢氏大宗祠位于鹤盛镇中心，坐东朝西，建筑平面为方形，由前厅、戏台、左右厢廊组成。前厅面阔七开间，穿斗抬梁混合梁架，砖石山墙设封火马头墙，镂雕花卉正脊，龙吻脊头。厢廊五开间，抬梁式。戏台歇山式屋面，内承五彩方形天花藻井，斗拱多处采用琉璃石镶刻。外挑悬柱，镂雕、透雕均可见。谢氏大宗祠布局合理，雕件较多，具有文物宗教价值，但由于长期无修缮，现残破不堪。

斗拱：谢氏大宗祠藻井各层之间使用斗拱，斗拱雕刻精致华美，琉璃石镶刻。

垂花柱：垂花柱下部分立体雕刻卷云，镶嵌琉璃石，十分精致。

藻井：在传统的观念上藻井是一种具有神圣意义的象征，所以藻井多用在宫殿、寺庙中的宝座、佛坛上方最重要部位。

横梁：戏台横梁处雕刻龙纹，腾云驾雾，栩栩如生。

图 2.39　谢氏大宗戏台及细节图

2.3.2 鹤垟村

图 2.40 鹤垟村导览地图

览
北宋年间，距今已有1000多年的历史，素有“人杰地灵”之称。
游的东皋溪边，三面临水，一面靠山，地理位置独特，是为“地
是指鹤垟的谢氏族人是山水诗人谢灵运的后裔，宋元明清各个时
名诗人。鹤垟村原有“鹤垟八景”之说，最有名的当属兰玉台摩
不复存在。
景点：
蓝土地庙　兰玉台　叙伦堂
兰玉台
鹤灵街49-51号
鹤灵南路32号
伽蓝土地庙
谢氏大宗
小宗祠堂
WC
厕所

（2）鹤阳八景——找回被遗忘的诗村

鹤垟村，古称鹤阳，谢灵运后裔居住之地，是一个典型的耕读诗村，历史上诗人辈出，文风鼎盛。据温州大学教授张如元编著的《永嘉鹤阳谢氏家集考实》，考证鹤阳村从宋到清的传统诗词有417首，其中内篇229首，外篇188首，共涉及130位诗人，其中鹤垟村谢氏38位。诗人中不乏达官权贵、进士文人，甚至皇帝，明朝宣宗皇帝朱瞻基也为鹤阳作诗三首。

鹤阳八景

锦嶂春晖、玉泉夜月、兰台清风、梅坡霁雪、环翠书声、临清诗思、并野农歌、回潭渔火。“锦嶂”指隔溪的连绵高山，如锦绣屏障，称锦嶂山；“玉泉”指碧玉般的东皋溪；“兰台”全称兰玉台，即傍村小山，顶有平台；“梅坡”指村子附近种有梅花的山坡；“环翠”指该村明朝诗人谢庭琛的书斋；“临清”指该村临清楼，名流多有题咏；“并野”指村东南的并排田野，“回潭”指东皋溪流经该村拐弯处的深潭。

（摘自永嘉文化教育丛书系列之《永嘉古村》）

据清抄本《鹤阳谢氏家集》记载，明代鹤垟村被称为八景村，有“锦嶂春晖、玉泉夜月、兰台清风、梅坡霁雪、环翠书声、临清诗思、并野农歌、回潭渔火”八景，每景有诗（张如元，1996）。然而，由于保护传承不完善，自然风光仍在，古建筑难存，鹤阳八景早已消失在历史长河中。近年来，鹤垟村借助美丽乡村建设，修复还原古迹，建设诗歌文化交流中心、诗街诗路，修复兰玉台等“鹤阳八景”，传承弘扬村庄历史文化，营造诗歌氛围，促进乡村振兴。

图2.41　鹤垟村村庄风景图

2.3.3 东皋村

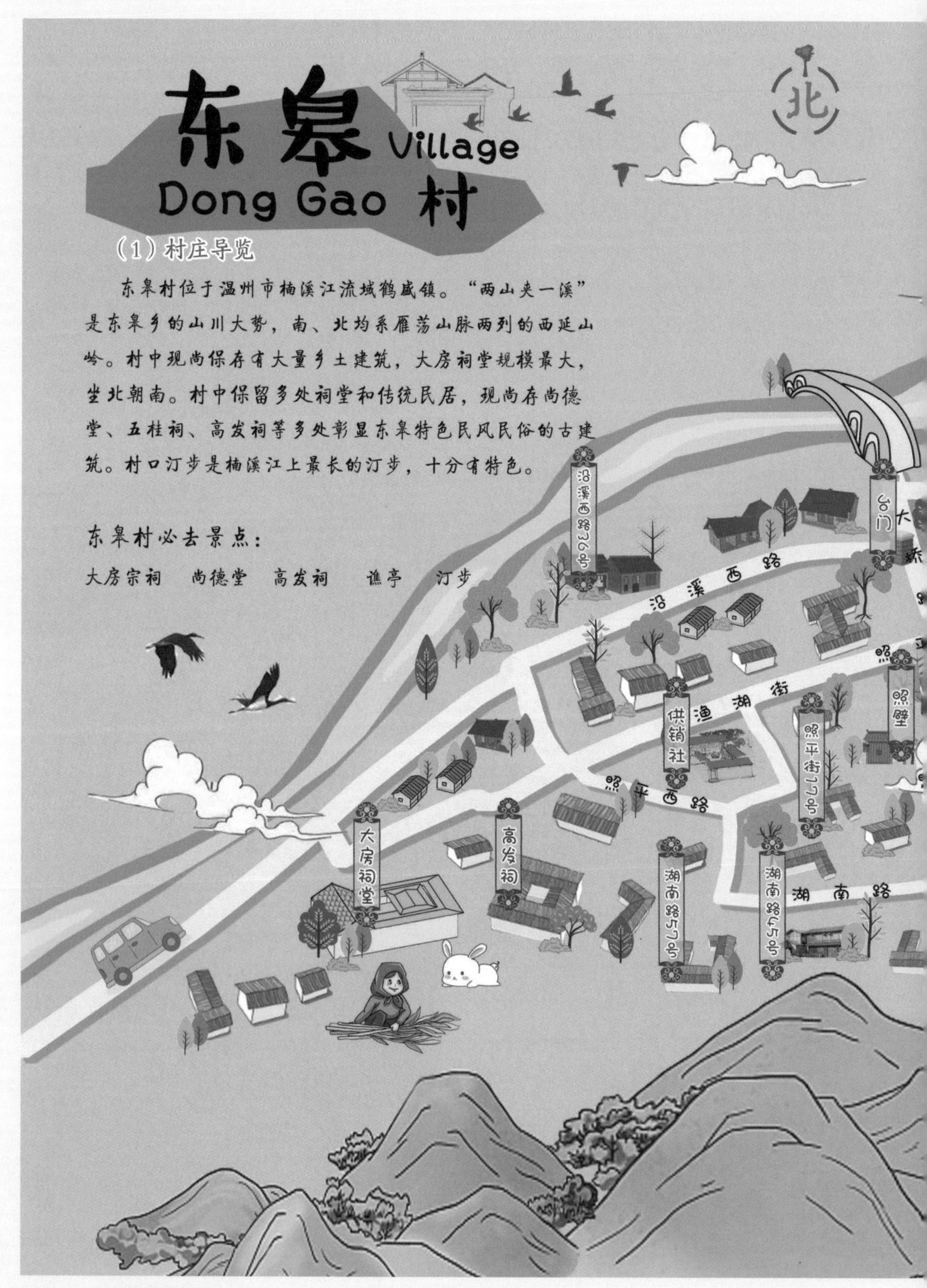

东皋 Village
Dong Gao 村
北
（1）村庄导览
东皋村位于温州市楠溪江流域鹤盛镇。“两山夹一溪”是东皋乡的山川大势，南、北均系雁荡山脉两列的西延山岭。村中现尚保存有大量乡土建筑，大房祠堂规模最大，坐北朝南。村中保留多处祠堂和传统民居，现尚存尚德堂、五桂祠、高发祠等多处彰显东皋特色民风民俗的古建筑。村口汀步是楠溪江上最长的汀步，十分有特色。
东皋村必去景点：
大房宗祠　尚德堂　高发祠　谯亭　汀步
沿溪西路36号
台门
沿溪西路
供销社
渔湖街
照平街77号
照壁
照平西路
大房祠堂
高发祠
湖南路57号
湖南路65号
湖南路

图 2.42　东皋村导览地图

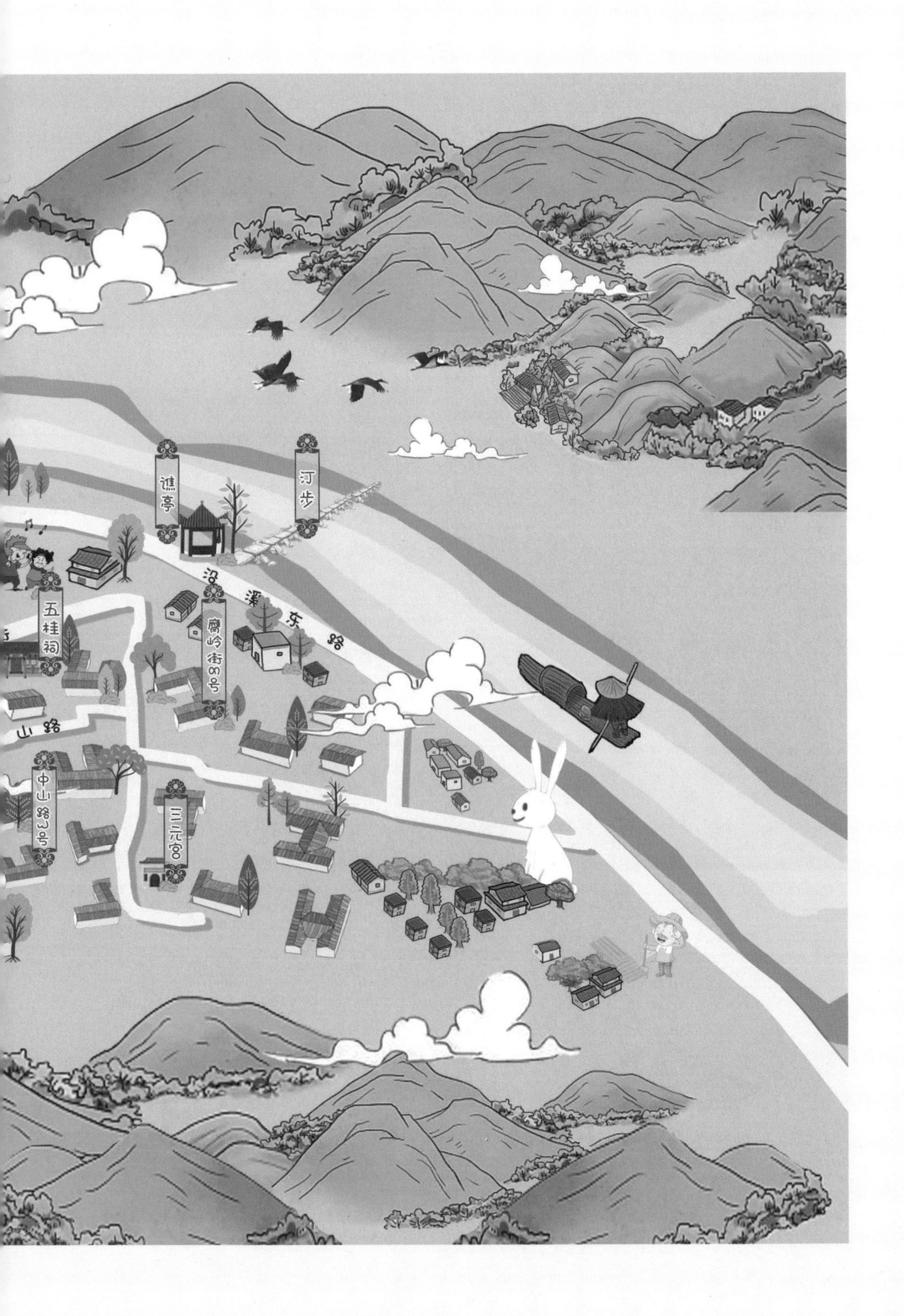
谯亭
汀步
没溪东路
五桂祠
腐岭街四号
山路
中山路3号
三元宫

（2）楠溪江上最长的汀步

鹤盛溪是大楠溪的支流，谢灵运的后代迁居于此。不同于楠溪江中游宽广的河滩，鹤盛溪沿线山崖与溪水间平地不多，因此村庄大多选址北靠山崖，面朝溪流的沉积岸一侧，风水学上称为“腰带水”。因为平地面积少的缘故，村庄平面发展成为中间大两头尖的橄榄形，尖的两头是寨门，沿溪布置寨墙，对外防御性很高。东皋村就是其中最典型的例子。在古代，东皋村进出村庄需要通过一条长达百米的汀步，汀步由间距适中的

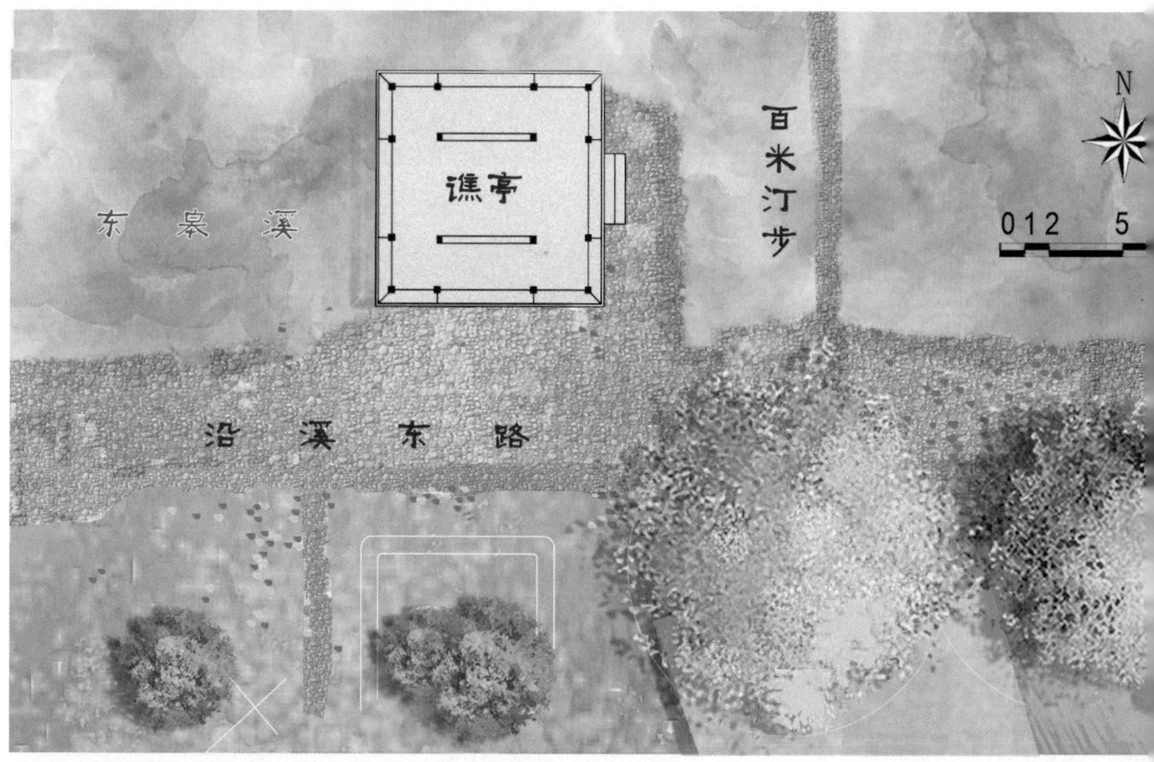

图 2.43　东皋村谯亭汀步处平立面图

母石和隔段出现用于避让的子石构成。汀步的尽头是用原石垒造厚厚的寨墙和寨门，寨墙旁植满了树。为了防止江水在夏季上涨危及村落安全，所以寨墙上建有一处谯亭，平时村民在其中休息交谈。居于寨墙之上，可以远眺山水，江水泛滥时亦可监察水患。随着公路的修建，沿溪的寨墙、寨门大都被拆毁，但汀步、谯亭等保存完好。谯亭平面为长方形，面阔三开间，柱间设靠椅，上覆歇山瓦顶，在粗大原石砌造的寨墙之上，显得居高而凌空，往往成为该村的标志，目前仍是村中老人乘凉聊天的去处。

图2.44 东皋村谯亭汀步处实景图

2.3.4 蓬溪村

图 2.45 蓬溪村导览地图

(1) 村庄导览

莲溪村建于南宋，中国山水诗鼻祖谢灵运的后裔聚集地。村庄位于东皋与鹤盛之间，距县城60公
三面环山，是一个袋形的封闭式盆地，只有北面一个出口。《莲溪谢氏宗谱.同治甲子重修族谱》序
“楠溪形局、惟莲川最奇。”莲溪村东有山泉水汇聚的潴湖，湖中有青螺髻一般的凤凰屿，湖水
南有文笔峰，正合“笔入砚池”的说法。村内民居、宗祠、亭台、池榭、书院等一应俱全。

溪村必去景点：

近云山舍、花墙、状元街、关帝庙、潴湖

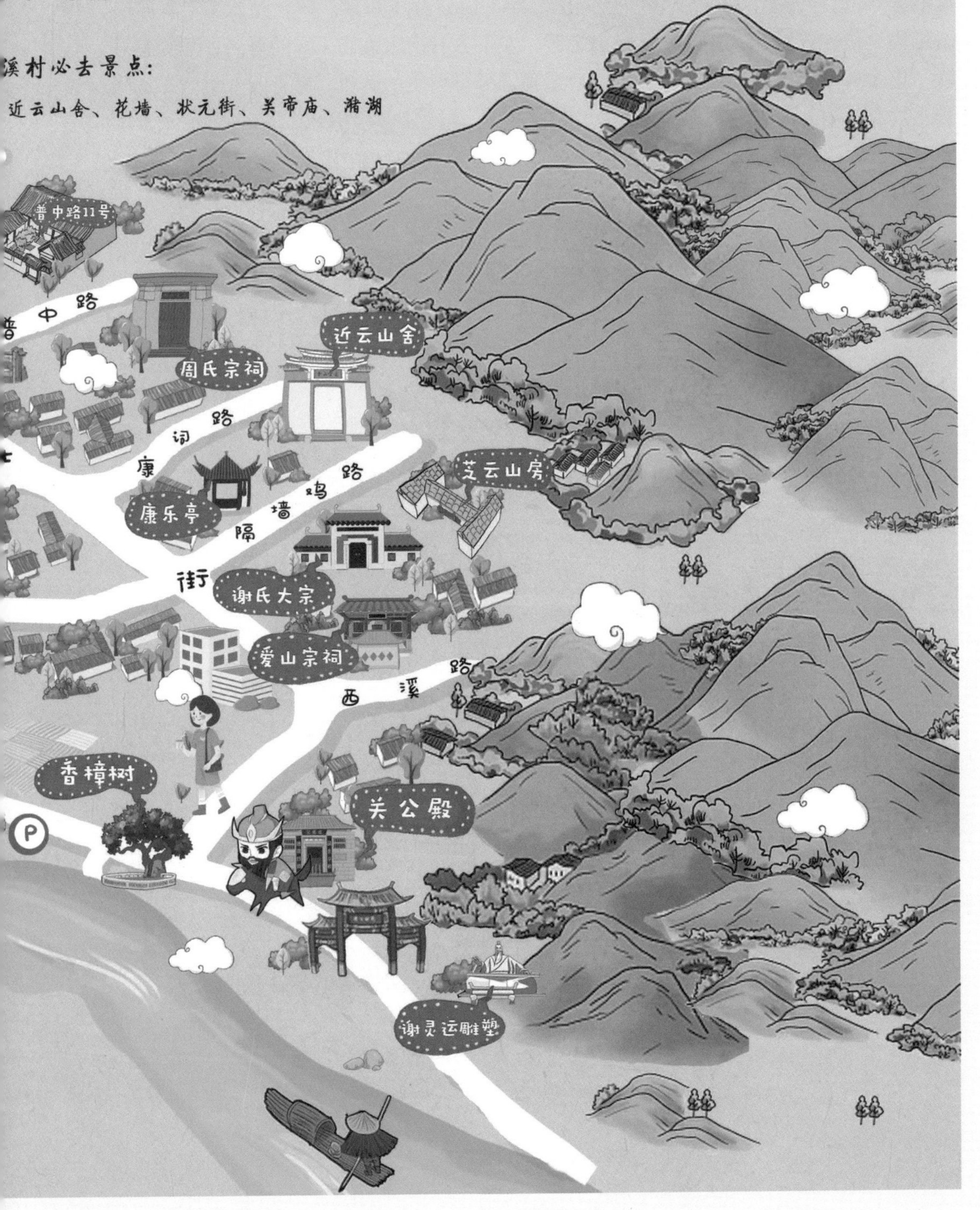

（2）精美的菱花式透空花窗

蓬溪村始建于南宋，三面环山，一面临水，村中有谢氏大宗祠（省级文物保护单位）、花墙（县级文保单位），还有崖刻、状元屋、状元街等较多的文化古迹。其中蓬溪花墙位于“近云山舍”中。据悉，近云山舍始建于南宋，重建于清中期，是谢灵运的第 51 世孙谢思泽（号文波）于同治二年（1863 年）所建。门台是八字形青砖嵌石结构，仿苏式古建，额题“近云山舍”，左下方有南宋大儒朱熹的署名，两侧有对联“忠孝持家远，诗书处世长”。门台屋顶部分有精美的砖雕，屋脊、八字墙、瓦当滴水均有植物、卷云等纹理。

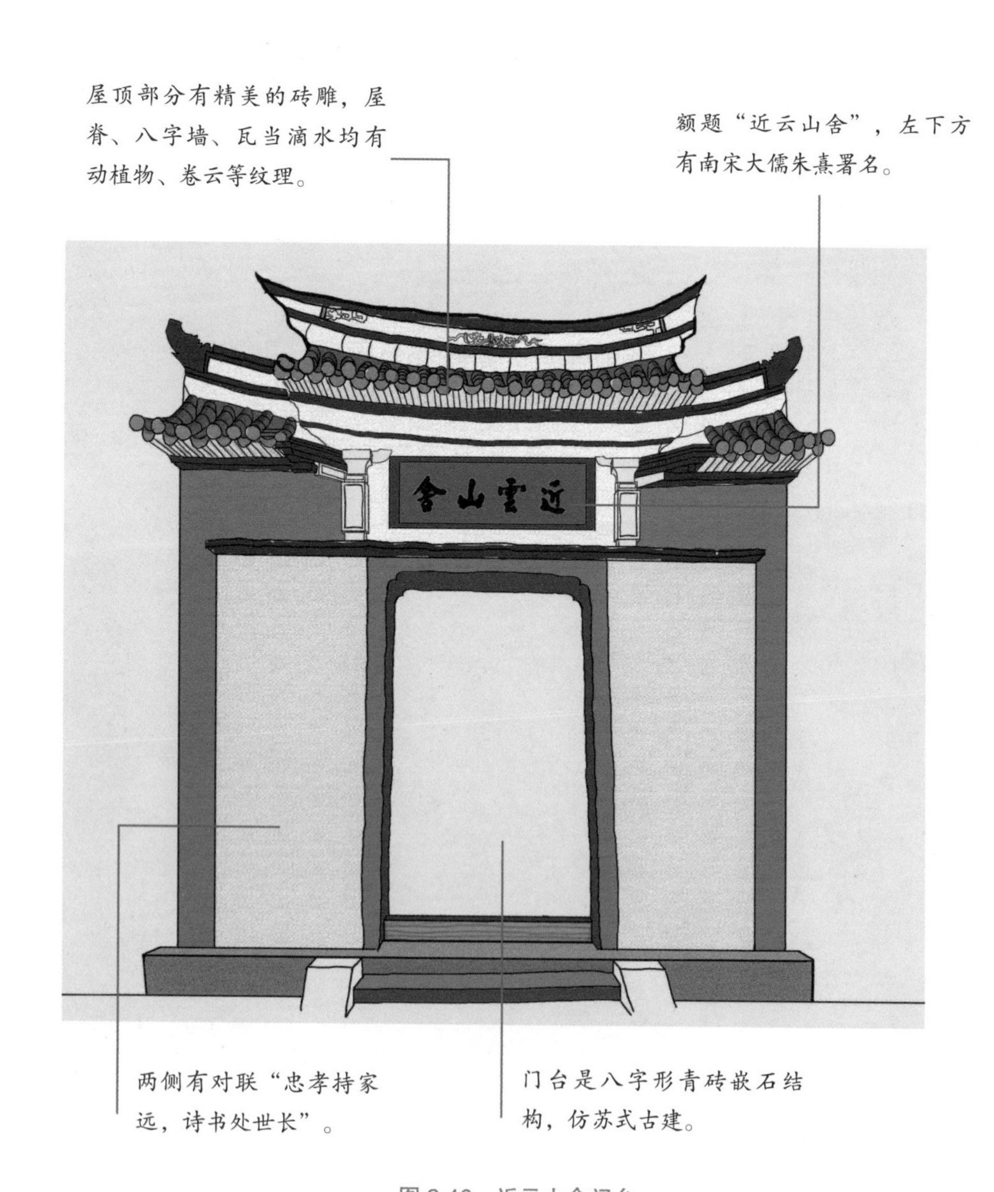
屋顶部分有精美的砖雕，屋脊、八字墙、瓦当滴水均有动植物、卷云等纹理。
额题“近云山舍”，左下方有南宋大儒朱熹署名。
近雲山舍
两侧有对联“忠孝持家远，诗书处世长”。
门台是八字形青砖嵌石结构，仿苏式古建。

图 2.46　近云山舍门台

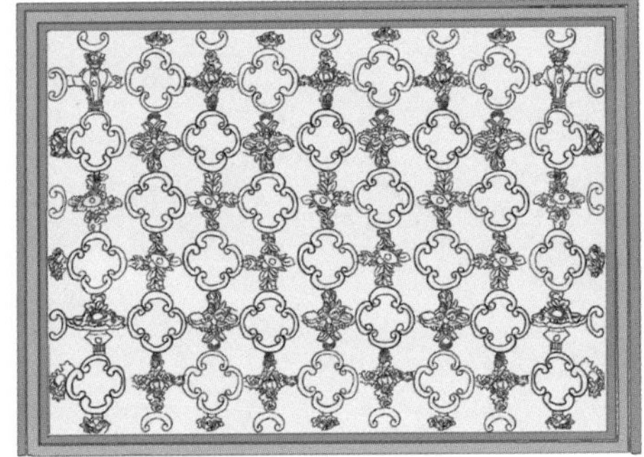

近云山舍院内保存有一精美绝伦的花墙，是永嘉县保护文物。花墙全长8米，高2.65米，是菱花式透空窗框，共3组，上嵌81块双面雕有人物、花卉、虫鱼等图案的青砖。墙上的花卉造形各异，且有300多朵之数，花墙的隔框雕有许多人物造型，表现了古戏中的故事。图案生动逼真，雕工精巧娴熟，制式吸取传统画本，而又赋以新意。花墙原是对称的两堵，只可惜右侧花墙已遭破坏（李逸，2017）。

图2.47　花墙

链接

楠溪江流域传统村落各族规里均有规定要子孙“以耕读为业”，激励子孙后代读书入仕，光宗耀祖。为了让本族子弟读书入仕，沿岸各个村落纷纷置义田，建书院。不少村落选址建村时也充分考虑文笔峰，增加文运，以盼子孙后世科甲发荣，如苍坡村、蓬溪村等。蓬溪村东南方有圆锥形的文笔峰，正在巽位，于是营造“笔入砚池”风水，村东建有潴湖，文笔峰倒影在潴湖中。蓬溪村历来人才辈出，文风鼎盛，取得秀才、举人、进士功名的人在不少数。

2.3.5 梅坦村

图 2.48 梅坦村导览地图

900多年，地处永嘉县鹤盛镇西源。民间广传“文苍坡、武梅坡，楠溪江畔两明珠”。村
存数量较多，有永嘉县最长寿的913岁的龙柏树、枝繁叶茂500岁的红豆杉，有永嘉县全国
不可移动文物保护点29处，其中省文保1处，县文保2处，县文保点 1 处。

点

祠堂　梅坦古宅　龙柏红豆杉

（2）武梅坡——凝固千年时光的古村落

梅坦古称梅坡，先祖谷启扩，号爱梅，见梅坡奇峰入云，梅花遍地，遂建屋定居。村内保留有多处古祠堂、古亭以及众多古民居，大部分古建筑保持完好，其中最为精美的当属梅坦大屋。梅坦大屋（又称谷亦淮故宅），原名明德堂新屋，是清末宣统二年（1910年）谷亦淮之孙谷宁魁所建，迄今已有100多年历史。梅坦大屋坐南朝北，是一座两层“H”形合院落建筑，正房9间，东西厢房各5间，纯木结构，进深13间，屋宇构筑精致，后右侧设马头墙，东、西设有侧门，整个院落布局大方，建筑很有讲究。正门气派非凡，边门也雕饰精彩，保存比较完好，这在楠溪江流域传统村落中并不多见。

图2.49　梅坦大屋实景图

梅坦大屋平面图

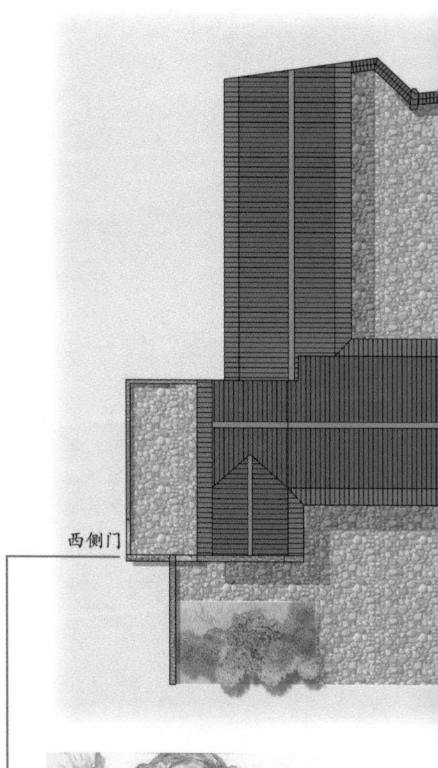

图2.50　梅坦大屋正门

西侧门：砖石结构的拱券门台，顶部是三个圆弧形，雕刻少量花卉，门簪斗拱花草纹理，拱券肩部左右雕刻两幅松树图，但具体纹理已模糊不清。

图2.51　梅坦大屋西侧门

正门：梅坦大屋坐南朝北，正门八字门台四个精巧的砖雕斗烘托出门檐，砖雕与窗花纹饰精美，图案别致，笔法细腻，有《三国演义》《水浒传》《西游记》《八仙过海》等各色人物浮雕，栩栩如生，以及梅兰竹菊、松柏、如意草等各色图案，艺术价值极高。正门两侧有乡贤郑宗夔题词并用青石刻成的对联“梅坡新第宅，兰室旧芳邻”，横批是“凝清香”三个字，显示出永嘉乡村匠师们的精湛工艺与大屋主人的清远志向、高雅情操。左右各有一幅画屏，分别刻字“鹤鹿同春”与“辛酉姑洗”，“鹤鹿同春”与后院影壁上的福字相呼应，寓意福禄（鹿）寿（鹤）。

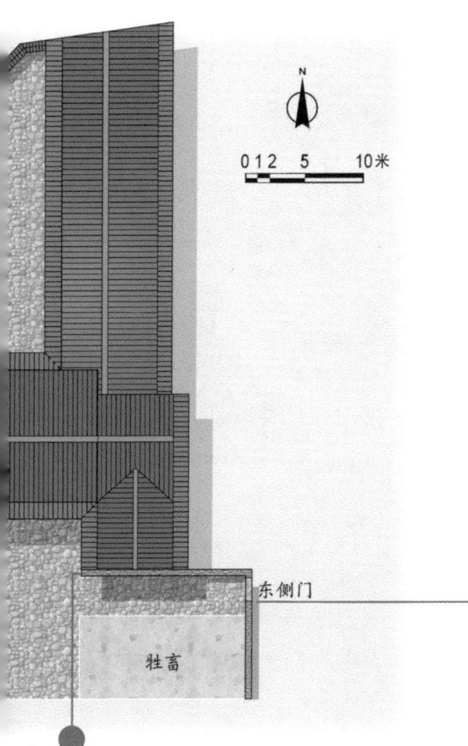

东侧门：砖石结构的拱券门台，顶部半圆形，正面雕刻精美花盆花卉，下面卷草装饰，拱券肩部左右分别是方形的花瓶。反面门台石雕纹理相对简洁，仅有一个博古花盆，上面雕刻圆形花卉和3条装饰卷草。

马头墙：后院西南墙是一处五叠式防火马头墙，砖墙素雅无装饰。

图2.52 梅坦大屋马头墙

柱础：廊柱圆形柱磉上刻着花鸟鱼虫图案，据说每一个柱磉都要一年时间才能刻成图案。

图2.53 梅坦大屋柱础

2.4 大若岩镇

2.4.1 埭头村

水池
古井
卧龙古井
古井
古民居
裕后祠
天主教堂
古民居
抱朴祠
村古门
埭头 Village
Dai tou 村
（1）村庄导览
埭头村位于永嘉县大若岩镇，地处小楠溪流域，旧城埭川，陈姓聚居之地。全村山环水绕，有“埭川十景”。村中现尚保存有大量乡土建筑，陈氏大宗祠规模最大，为两进合院式建筑，其余还有各房分祠及民居如裕后祠、华祝祠等。埭头背靠嵩山，村中民居多依山而建，现村中民居有墨沿生香、屈庐等充满书卷气的名字。“松风水月”宅是一座山地村落典型的民居建筑，规模宏敞，因借地形，构筑别致。
埭头村必去景点
陈氏大宗祠 裕后祠 华祝祠 松风水月 墨沿生香

图 2.54 埭头村导览地图

古香樟
樟
卧龙岗
廊架
侯王庙
松风水月
生香
古民居
沼池
棣
川
路
巾帼最美门楼
特色门楼
清华
黄
棣川门楼
陈氏大宗祠
心
古香樟
停车场
线
北

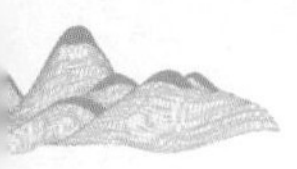

（2）埭头卧龙风景区

埭头村始建于元顺帝至元年间（1335—1340年），距今700多年。陈氏先祖陈杞喜欢游山玩水，见小若岩、崖下库之间山脉绵延如卧龙，文笔峰、纱帽岩、腰带水一应俱全，认为是个福泽深厚、繁衍子孙后代的好地方，于是迁居于此（潘浩，2012）。为了留住卧龙，祈愿子孙后代效仿先贤，在古村后部中央按照“阴阳八卦图”建造风水宝地——卧龙岗。卧龙岗香樟树下有碑文《卧龙岗双樟记》，记载：“有泉潺潺自岗右宛转而左泄，是谓卧龙湫也。湫分左右，高卑相形，尤太极图之二仪也。其始祖于上下植双樟，庶乎七百岁矣。”卧龙岗竹林茂密，中间一条“S”形水渠卧龙湫，上下共栽植两棵阴阳香樟树，树干根部直径达3～4米，浓荫蔽日，亭亭如盖，需六七个人才能合抱。四面八方的小路交汇于香樟树，形成八卦迷宫。始祖告诫子孙后代围绕八卦图建址居住，待后世繁衍村落聚集后才另迁他处。

整个卧龙岗依山而建，包括三层，分别是平台神坛——岗顶平台及卧龙井——陈五侯王庙台，总面积约750m^2。最低处的第一层营造陈五侯王庙一所，周边种植团团修竹，檐口与第二层岗顶平台几乎齐平。据说是用为镇邪，避免路冲。据明朝洪武二十二年（1390年）李贞撰写的《宋陈五侯王庙碑记》载，“陈五官庙坐镇一乡，民居数千余口，咸依密佑，多历年所，祈祷随感而应，灵显不可殚述”。第二层是一处长约七丈、宽约四丈的平台，取名坦头。卧龙湫隐藏在平台下，平台上种植着古樟树，树干一分为二，成为视觉焦点。平台北侧有形如瓜瓢的“琵琶井”，取名卧龙古井。井水之上还横有一粗壮的树根，奇趣横生。第三层是卧龙岗的最高点，视野开阔，可与文笔峰及周边山体形成对景。十余级台阶上头立着一座砖门，进入砖门即为平台。平台右上方有一神坛，坛上供奉着陈氏祖先陈虞之。神坛后有另一株大樟树，与二层那棵树交相辉映，十分巧妙。

「埭头村有三棵著名的香樟树。卧龙岗两棵古樟树倚仰成趣，与四周竹木屋舍浑如书画。下樟新叶红，而上樟新叶黄，红黄相映，是镇村之宝。」

“夫妻树”：位于卧龙岗第二层，树龄700多年，是一棵黄樟，树型作“九龙捧珠”状，树干一分为二，形如夫妻相拥。古树苍劲古朴，树根处做八边形的花坛，布置块石，是村民茶余饭后休闲纳凉的好去处。

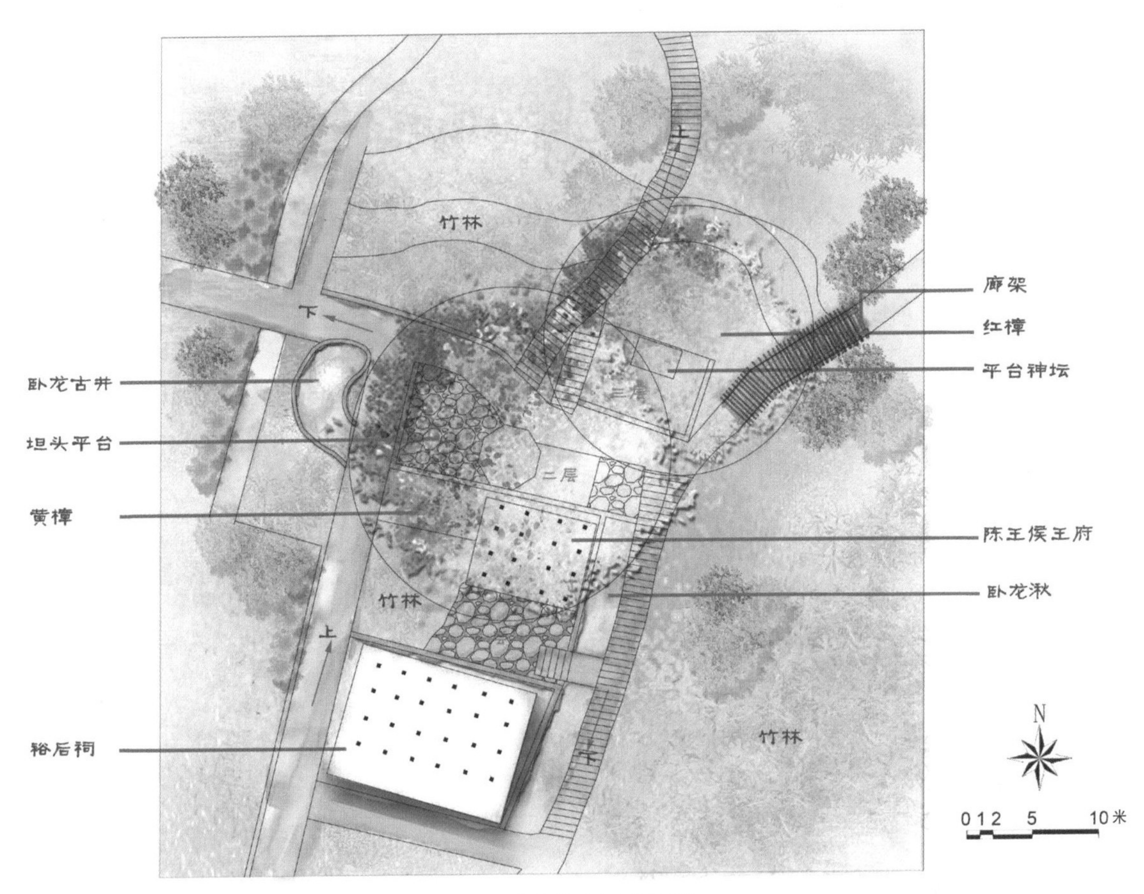

图 2.55　卧龙岗景区平面图

"桃园结义"：位于卧龙岗第三层，树龄700多年，是一棵红樟。树干一分为三，中间与右侧的树干之间有树桥相连，恰成连理枝，根系发达。比黄樟冠幅略小，但因位于高处，尤为壮观。

"一柱擎天"：位于埭头村口停车场，树龄400多年。相传1956年该古樟树本欲变卖制作大船，村人收下定金200元后，樟树几日间叶落枝枯。后退还定金，古树重新焕发生命力，从此枝繁叶茂。

图 2.56　夫妻树（左）、桃园结义（中）、一柱擎天（右）

（3）保留完好的众多门楼

李允鉌先生说：“门”和“堂”的分立是中国建筑很主要的特色，其原因是出于内外、上下、宾主有别的“礼”的精神。在功能和技术上借此而组成一个庭院，将封闭的露天空间归纳入房屋设计中，因此连接内部院落和外部环境的门就成为一个十分重要的空间组织元素。与正房正对的围墙中间一般设置门房，直接进入内部庭院。

埭头村现存较为完整的有松风水月、墨沼生香、裕后祠、启秀祠等一批明清故居和宗法建筑，是楠溪江流域中游地区门楼保存最好的村庄。古门台多达数十个，各式各样，雕刻精细，其中省级保护的门台有 6 个，市级保护的有 9 个。尤其是沿九黄线一侧

裕后祠：又名四房香堂，建于清代，建筑占地面积 322.5 米^2，木结构悬山式建筑，现为楠溪江乡土建筑展览馆，保存完好。门台为砖砌仿木结构，古朴精美，屋顶正脊雕刻卷云，两侧各有一只吻兽。斗拱雕刻植物及飞鸟图案，扇形门簪左右分别雕刻梅花、松树，意喻延年益寿。门台中还有雕刻两幅游船图，人物、游船上的颜色仍保存完好，姿态栩栩如生。

抱朴祠：位于九黄线沿路，是个分宗祠，现空置堆砌杂物。门台为仿木砖砌结构，朴素简洁。飞檐有两只吻兽，屋脊花草雕刻装饰。

某民居门楼：位于九黄线沿路，“一”字形木结构民居九间二层，庭院外门台带有民国时期风格，高约 4 米，外形独特。圆形顶部中间透雕花瓣形状，外围由菱形雕刻装饰。门台匾额周边装饰植物花纹，但题字已辨认不清。

“屈庐”大屋：又名乡大屋，建于民国初年，占地面积 1 256.2 米^2，建筑面积 813 米^2，位于埭头村村中心，是新中国成立后的埭头乡驻地。建筑由主屋、门台、侧门台和围墙组成。入口门台砖砌结构，十分高大，带有明显的民国时期风格。门廊拱券式带有三角尖顶，尖顶两侧各有一座吻兽，立面多处装饰有卷草花纹、风景画，雕工精细，十分精美。

墨沼生香：建于清代乾隆年间，建筑面积 696.5 米^2，因门台上有徐定超的“墨沼生香”和“文峰钟秀”题字而得名。屋前左侧有墨沼池，后侧是松风水月宅。门台是砖砌结构，整体装饰较为朴素，门簪斗拱处都有精美山水画雕刻，不过部分已残破无法辨认。

民居，现至少保留有五六处。门楼上采用灰塑手法雕刻装饰构件，极具观赏价值。埭头村拥有深厚的文化内涵，古村文化与耕读文化交相辉映，历来是文人墨客的聚集地。

松风水月： 建于清代乾隆年间，占地面积 802.7 米^2，建筑面积 485.3 米^2，整个民居包括“方开一鉴”池塘、“松风水月”门台和“淡如轩”房子三个部分。“松风水月”门台是南向虚设大门，仿木砖结构，悬山式屋顶，门楣上刻有“松风水月”四个字，屋面铺小青瓦，正脊雕刻卷草纹，与门前“方开一鉴”池塘相互呼应。远远看到门楼倒影在池塘中，却没有通往院门的道路，进出是从西向小门进入。主屋“淡如轩”“一”字形，正屋七开间，进深六间，背后是郁郁葱葱的古樟树，庭院里可远眺群山。

巾帼最美庭院门楼： 位于九黄线沿路，民居现已改造成特色农家乐民宿，但门楼仍保留。门台是砖砌结构，装饰简单朴素，卷草飞檐。

埭川门楼： 位于村口，陈氏大宗祠西侧，是进出埭头村的大门。门台为仿古石砌结构，题字“埭川”。埭川是埭头的古称，地形由西向东倾斜，村形如船。

某民居门楼： 位于九黄线沿路，民居现已改建为现代房子，但门楼仍保留。门台是砖砌结构，装饰简单朴素，卷草飞檐。

水木清华门楼： 位于九黄线沿路，民居现已改造成特色农家乐民宿，但门楼仍保留。门台是砖砌结构，装饰简单朴素，卷草飞檐，斗拱处有宗教符号。

启秀祠： 位于九黄线沿线，门台屋脊有吻兽，墙身雕刻有两幅人物图，装饰精美。

图 2.57　众多门楼分布图

2.4.2 水云村

图 2.58 水云村导览地图

绕村而过，隔溪之前山苍翠清
距陶公洞一里许，地处十二峰
物古迹较多，有祠堂、宗教场

（2）名山福地和美水云

水云村地处温州永嘉楠溪江大若岩景区核心地段，紧靠陶公洞、十二峰、石门台、崖下库等景点。九黄线穿村而过，区位优势明显，交通十分便利。水云村文化内涵深厚，文物古迹较多，有祠堂、宗教场所、古居民等古建筑。村口是华盖般的三棵古树，村内还拥有光绪年间的县重点保护文物赤水祠等三祠两庙等古建筑。

陈公祠：清中期建造，庙内原设陈尚悌塑像，相传建于明弘治年间（1488—1505 年）。传说大若岩农田稻花飘香，丰收在望。突然恶神降临，停舟于大宗祠旁掠夺稻穗花粉，农民惊慌失措，陈尚悌奋不顾身和恶神搏斗，用祠门挡溪断流，迫使小舟无法行驶，保护村民农耕作物，后来人们立庙纪念。陈公庙 2005 年修缮，保存完整。

陈十四娘娘宫：位于村口，祀陈氏十四陈静姑，建于清道光年间（1821—1850 年），木构建筑，由山门、大殿、左右厢组成合院。2004 年重修，保持原貌。

图 2.59　陈公祠（左）、陈十四娘娘宫（右）

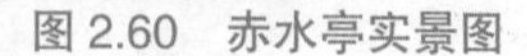

图 2.60　赤水亭实景图

图 2.61　赤水亭立面、剖面图

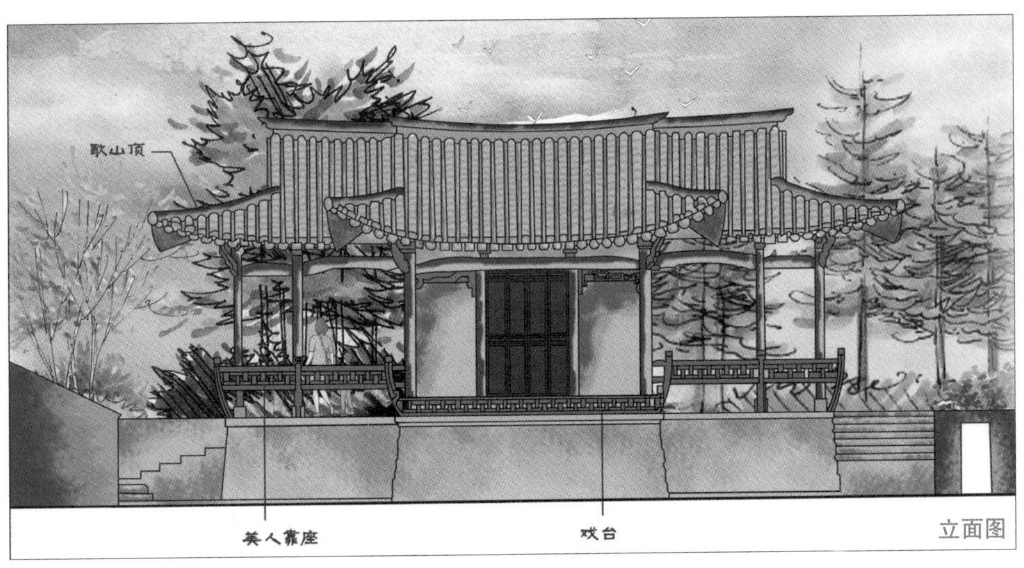

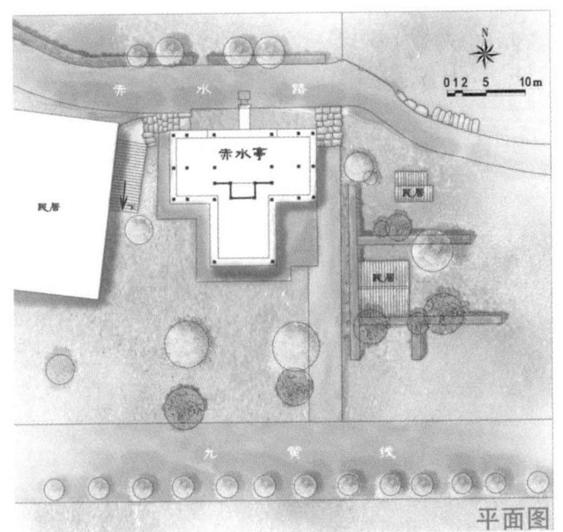

赤水亭：位于村口，亭子呈长方形，歇山顶，面阔五开间，进深两间。亭子正面朝向村内，背面中间连着戏台，戏台朝向九黄线，台前有卵石铺砌的广场，供村民平时看戏。看戏时亭子就成了戏台后台，一亭两用，十分巧妙，这在楠溪江流域较为少见。亭子内部装饰精美，顶部藻井彩绘精美的龙纹、卷云、人物图等图案，题材丰富。亭子四周设美人靠座，中间有一木板墙，墙上彩绘八骏图和楠溪江山水风光，顶上正中悬挂蔡心谷书写的匾额“赤水亭”。背面戏台上悬挂苏华垚书写的匾额“鉴古寓今”。

2.4.3 银泉村

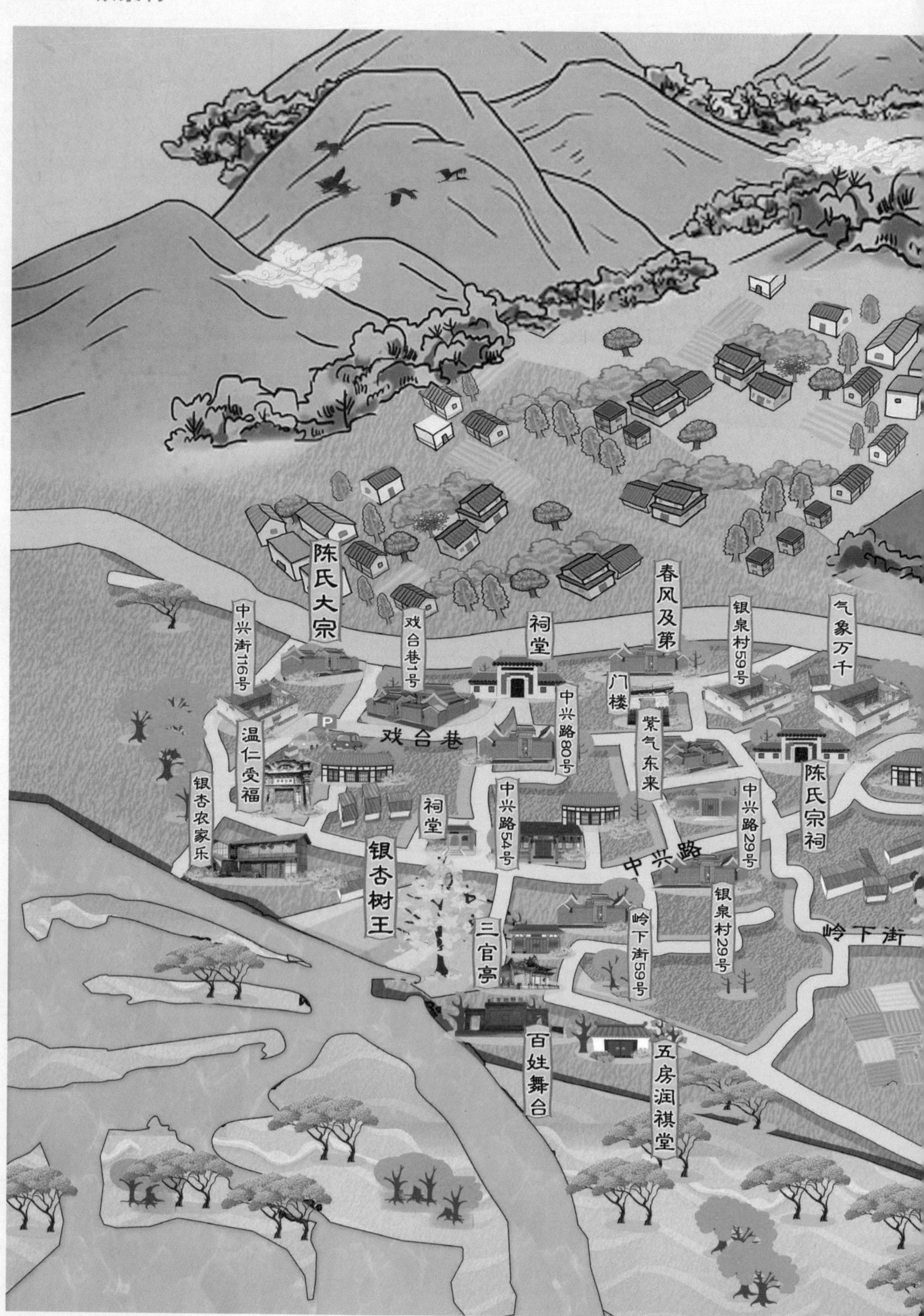

图 2.62 银泉村导览地图

银泉
Village
yin quan
村
坦五线
关公庙
（1）村庄导览
银泉村位于温州市永嘉县大若岩镇楠溪源溪畔。银泉陈氏，历来耕读传家，诗礼继世，可谓科甲蝉联，簪缨门第，是楠溪江流域文化发达的著名村落。因村中有27口古井，其中一井中所出之水白似乳，又喜白泉之瑞，因名银泉。由银泉、岭下、黄泥坦垄3个自然村构成，共有耕地564亩，山场2 874亩，森林3 600亩，银杏2 000多株，其中千年银杏1株。
银泉村必去景点：
陈氏大宗　戏台巷1号　陈氏宗祠
春风及第　银杏王树　百姓舞台
北

（2）千年银杏盘活乡村游

银泉村位于楠溪小源中游，有银杏2 000多株，其中1株400多年树龄的古银杏，树径2米，冠幅50米，树高约27米、树干粗达5米，号称永嘉银杏王，生长于小楠溪边。银杏树王已入选市林业局编纂的《温州古树名木》，省林学会开展的“寻找十大最美银杏村落”活动中，银泉村被推选为浙江省“十大最美银杏村落”，这也是温州市唯一入选的村落。每年11月，黄叶熔金，前来观赏的游客达到10万人。人气爆满，直接带动了村集体经济的发展和村民的经济收入。目前村内有农家乐6家，民宿8家。2017年，大若岩镇投入3 000多万元对银泉村进行环境整治，规划成立一家旅游发展公司，依托银杏树为核心旅游资源，建设银杏公园、农业观光园、寨山公园等旅游项目，发展乡村旅游。古银杏公园以银杏树王和小楠溪造景，沿堤坝路形成景观线。银杏树王与树下的三官亭、树后的民居、树前的清溪构成一处金秋美景。树下的三官亭建于清光绪五年，是永嘉县第二批传统建筑名录之一。古亭三开间，歇山顶木结构建筑，屋脊呈弧形凌空飞起。因处古渡头，故在廊柱间设美人靠座，以利于行人歇息待渡。左右两壁两宕彩色戏曲壁画，结构奇妙，人物传神，是永嘉现存清代民间壁画的代表作。

图2.63　银杏树和三官亭

千年银杏

2.4.4　双岙村

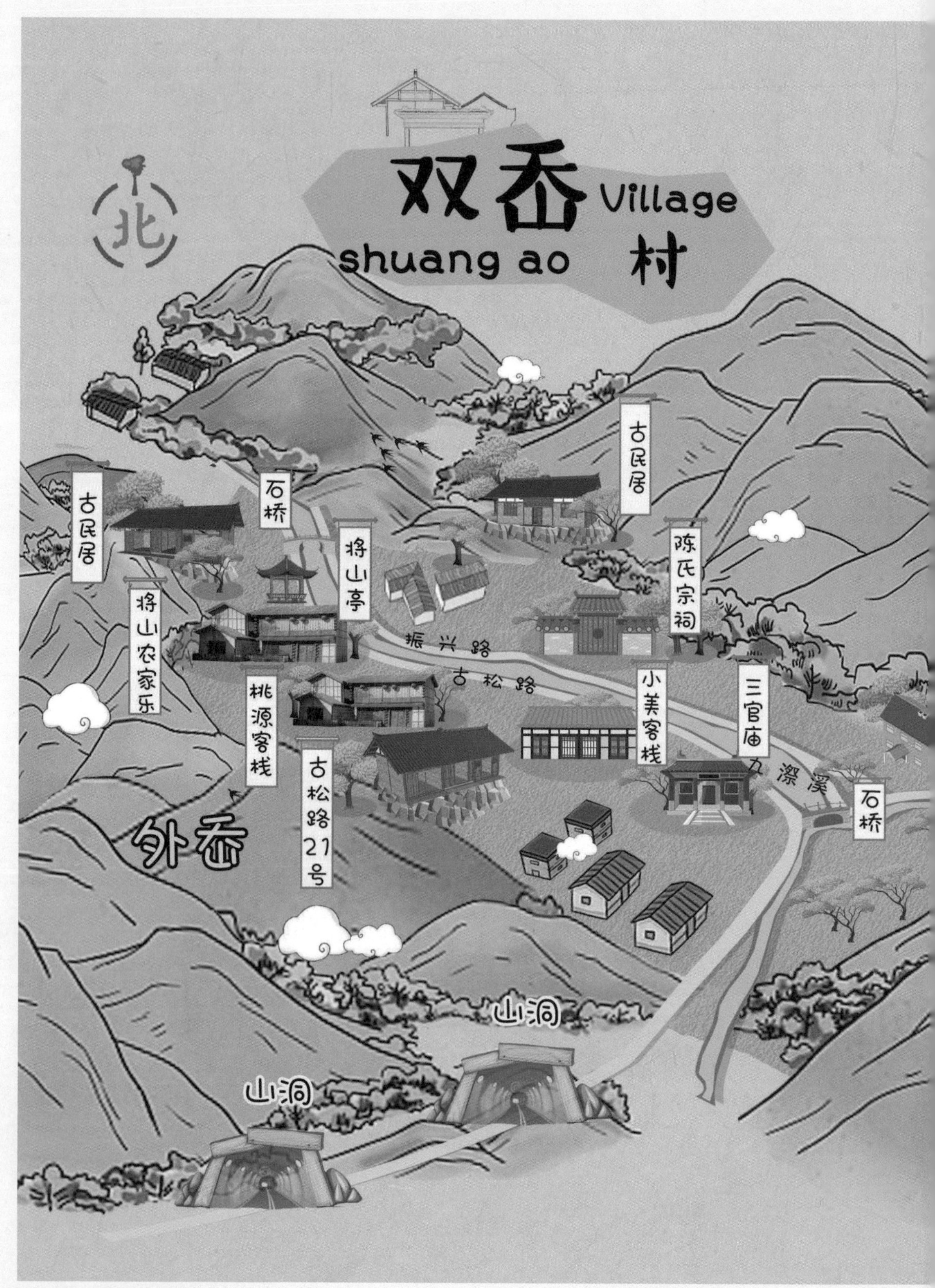

图 2.64　双岙村导览地图

（1）村庄导览

双岙村位于温州市永嘉县大若岩镇，距离永嘉县城约40公里，距离大若岩镇约5公里，现有人口350人，海拔800米，群山环抱，全村森林覆盖率达96%，空气新鲜，气候凉爽，自然环境优美，属于典型的高山阶梯式传统村落。双岙村近年来已完成水泥路的通车，但有些房屋间的道路都还是以前的古道，使本村既不失古村落的特色，又不失现代村落的规格。

双岙村必去景点：

小美客栈　桃源客栈　将山农家乐　五岳胜地

（2）高山阶梯式传统村落

双岙村地属永嘉县大若岩镇，距离永嘉县城约40公里，距离大若岩镇约5公里，现有人口350人，海拔800米，群山环抱，全村森林覆盖率达96%。因村落位于楠溪江景区内，四面环山，气候冬暖夏凉，温暖湿润，雨量充沛，使村落仿佛坐落于云端，因此在长期的发展中，形成双岙山地民居的基本格局。据《陈氏宗谱》记载，双岙村村落历史大概有200多年，村民从水云村迁来，以陈姓为主。双岙村始于明清，清代至民国是发展的高峰期，村落格局已基本形成，村内现存建筑多为这一时期所建。从2000年开始，民居建筑经过几次整修加固，改为客栈，计划发展为民宿古居村。

由于楠溪江区域地形以山地丘陵为主，所以不少民居依山而建，临水而居，形成了很多有特色的的山地村落，尤其是楠溪江流域上游地区，如林坑村。双岙村是楠溪江流域中游地区的一个山地村落，海拔约800米。因地形封闭，冬季日照长，夏季雨水多，高湿闷热，遮光、防雨、通风是民居解决的首要问题，民居呈现以下特征：

1. 出檐深且种类繁多。在楼房分层处设腰檐。局部屋面升高形成重檐。室外走廊多以披屋形式处理，又产生廊檐，为保护山面不受雨淋，产生山檐。室外走廊多以披屋形式处理，又产生廊檐。

2. 开敞通透。民居多前庭后院，使房间拥有良好的通风采光条件。

3. 就地取材。山地盛产竹木，为房屋提供了丰富的材料，因此建筑多为木结构。

图2.65　双岙村民居

2.5 沙头镇

2.5.1 渠口村

图 2.66 渠口村导览地图

北
康
康乐路7号
友谊路40、42
乐
门楼
路
15号
路
无限风光门楼
友
下
教堂
谊
方
下方三官亭
康
中
兴
路
渠
路
康
叶氏大宗
街
康乐亭
线
渠口 Village
Qu kou 村
（1）村庄导览
渠口村位于永嘉县沙头镇，村中现尚保存有大量乡土建筑，叶氏大宗祠规模最大，坐北朝南，主体平面呈“日”字形院落。村中保留多处祠堂和传统门楼，现尚存凤翔祠、石臼五房小宗等多处彰显渠口特色民风民俗的古建筑，更具源远流长、无限风光等多处别具风貌的传统门楼。
渠口必去景点：
叶氏大宗 凤翔祠 三官亭 三官大帝亭

（2）叶氏宗祠——八座楠溪江宗祠建筑之一

渠口叶氏大宗位于下方村东南侧，宗祠西侧有一月塘，月塘北侧紧靠渠康街，临水修筑水榭，是村里的休闲娱乐中心。叶氏大宗始建于明弘治年间（1488—1505），清康熙癸亥年（1683年）重修宗祠并扩建；乾隆壬辰年（1772年）又对山门进行重建。建筑占地面积约1 200米²，坐北朝南，由照壁、山门、前厅、戏台、两厢和正厅组成，主体平面呈“日”字形院落。“文革”期间遭到一定程度破坏，现存建筑整体呈现明代特征。大门右侧碑刻具有一定历史价值。2013年3月，被中华人民共和国国务院公布为第七批重点文物保护单位，是全国文物保护单位“楠溪江宗祠建筑群”八座明清时期的家族宗祠之一。

山门：叶氏大宗祠山门清代建筑，具有明建遗风，正屋三间五檩尖山式悬山顶，侧屋东西各一间，五檩尖山式悬山顶，屋面稍降，披势东西各一间。山门南侧面均用木板墙和简易隔栅封闭，披势用砖砌断，上开花格窗洞。山门为正屋明间脊檩下立门，左右中柱前后各立抱鼓石。门上方有匾额“恭十一太祖祠”“葉氏大宗”“葉選平题”“公元2005年春月重立”。门前立有“全国重点文物保护单位 楠溪江宗祠建筑群（叶氏大宗）”文保碑和“叶氏大宗说明”碑。

照壁：位于叶氏大宗正门南面，砖砌仿木结构，三出檐，月梁斗拱如木作般精美，但照壁正面主体内容已脱落无法辨认。照壁与宗祠山门之间有一处小广场，门前左右各植一棵樟树，一对光绪年间的旗杆石仍保存完好，一为“光绪戊戌科中式进士”，一为“甲午科中式经魁”。

影壁

前厅：近代建筑，规格属于20世纪70年代农村最高等级砖混结构二层建筑。面宽七间进深两间，两侧进深三间，原为办公用房。

戏台：平面正方形，天井内两角各有一段抹角，屋顶前坡与门堂坡顶合二为一。屋面由四角角柱撑起，月梁曲线仿佛长弓，装饰性昂端头作卷云状，犹如虾须。如意状的斗拱承托斗八藻井，层层收束，每条井坊皆绘制有锯齿状纹样，巧夺天工。

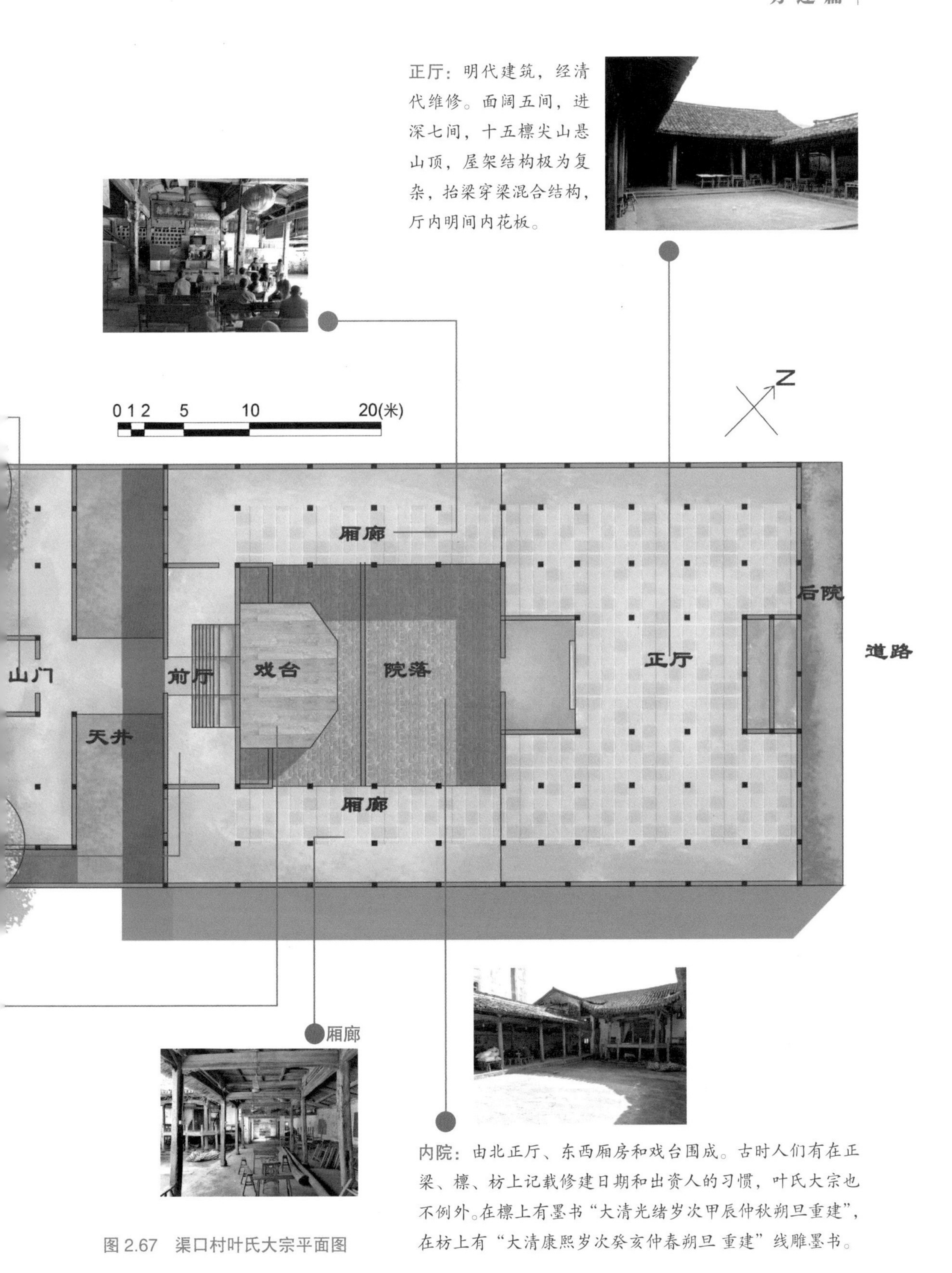

正厅：明代建筑，经清代维修。面阔五间，进深七间，十五檩尖山悬山顶，屋架结构极为复杂，抬梁穿梁混合结构，厅内明间内花板。

内院：由北正厅、东西厢房和戏台围成。古时人们有在正梁、檩、枋上记载修建日期和出资人的习惯，叶氏大宗也不例外。在檩上有墨书“大清光绪岁次甲辰仲秋朔旦重建”，在枋上有“大清康熙岁次癸亥仲春朔旦 重建”线雕墨书。

图 2.67　渠口村叶氏大宗平面图

2.5.2　坦下村

图 2.68　坦下村导览地图

古城路13号
三房活动中心
古城路9号
望亭街1号
古
城
路
望
坦
坦下路15号
下
路
寨门
墙
寨
三官亭
聚星堂
线
）村庄导览
下村位于大小楠溪江交汇处，该村始建于宋末元初。为陈姓繁衍
地。坦下古村背山面溪，环境清幽，景色宜人。三面环山，山势
地势险固，易守难攻，形成天然屏障，常人不能通行，另一面两
相距不宽，砌筑高峻坚固的石头寨墙，很有利于战略防御，可阻
楠溪之元兵进退之路，是一处难得的军事要地。
下村必去景点：
亭　三房活动中心　聚星堂

（2）三面背山一面筑城的坦下村

坦下村始建于宋，始祖公讳彬为芙蓉村陈虞之同族子侄。因该地背山面溪，雷峰山向西南开口成凹字，村庄位于三面山体环绕之中，于是因地制宜补筑寨墙，形成村落的边界。三面背山一面筑城的村落格局使坦下村周边形成天然屏障，成为隐蔽险阻、易守难攻之处。寨墙砌筑十分讲究，一道百米多长的卵石寨墙横亘东西，石块由下往上逐渐缩小，顶部由碎石、卵石砌筑，至今仍保存完好。寨墙外南面是大面积农田，寨墙中修筑“谯亭”一座，出檐很深，亭四面有美人靠可供坐卧，颇有宋代木建筑的风格。坐在亭中，可眺望村前莲叶田田，远处楠溪江水。亭西侧石拱券门一座，是出入村庄的寨门。由寨门进入村庄，村落规模不大，仅十几户人家，村内住宅依山而建，院门与寨墙联合建设。

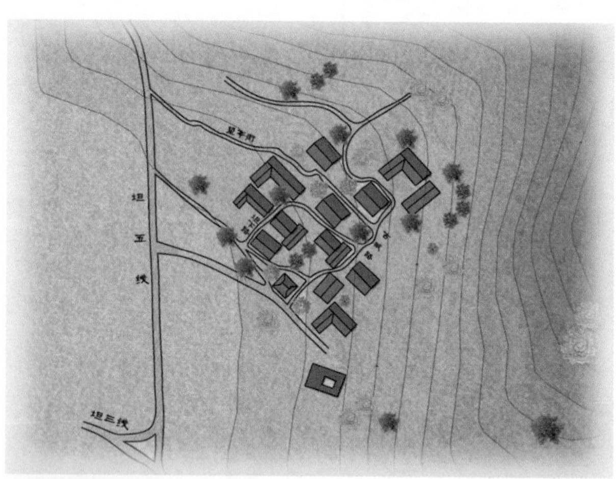

图 2.69　坦下村村落形态图

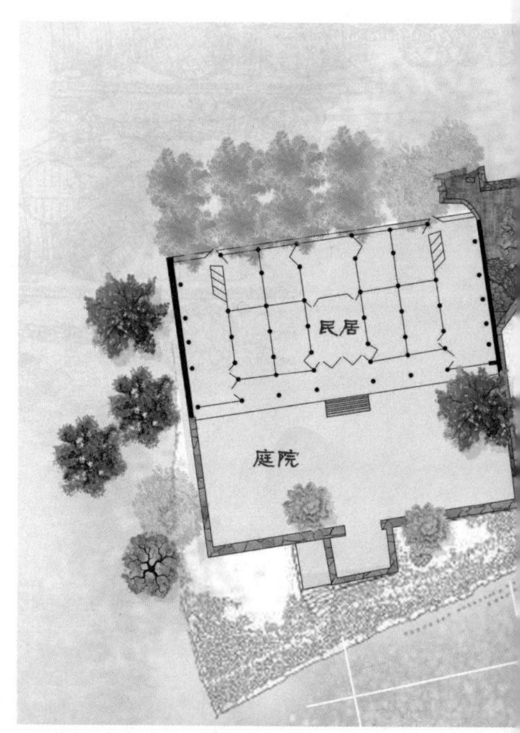

图 2.70　坦下村寨墙焦楼平立面图

链接

谯亭，“谯”古时通“瞧”，城门上望楼也称“谯楼”，“因此城门上的亭子称为“谯亭”，

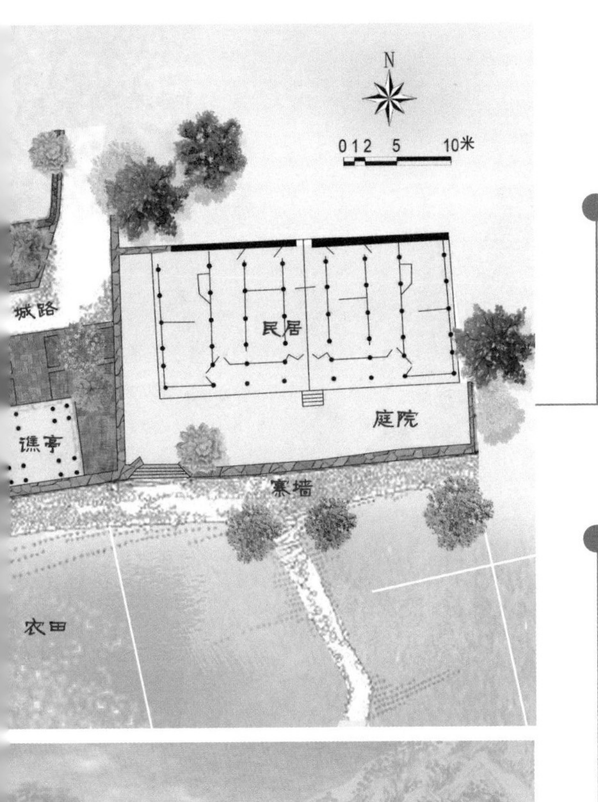

图 2.71 坦下村寨墙谯楼实景图

谯亭 门台 卵石寨墙 民居

为“谯亭”，京剧里经常有“听谯楼又打四更牌”的唱词，岩头镇芙蓉村东门也有一处谯亭。

坦下古村背山面溪，环境清幽，景色宜人。清代康熙年间陈玠庚（1708—1772年）曾写诗颂赞村景：“团团一脉石，绿竹间青松。沙外溶溶水，门前叠叠峰。山花开屿岸，野鸟唤春风。锄犁能读史，诗书振飞鹏。”坦下村《陈氏宗谱》里还保存着一幅手绘的坦下村地景图，依稀可见寨墙外围还有洞桥水，林木蓊郁，屋舍俨然。

2.5.3 花坦村

图 2.72 花坦村导览地图

氏宗谱》考证：该村朱氏迁自福建南剑州，与理学大师朱熹同宗。现永嘉县境内的沙头、
全部源于花坦。村庄外围高山峻岭，西侧开口朝向花坦，入口处茂密的森林阻隔，环境隐
风鼎盛，文人辈出。自宋朝至清朝，有10多人先后考取功名，最高官至御史。

（2）牌楼遗迹见证花坦文风鼎盛

花坦村建于唐朝，据《朱氏宗谱》考证：该村朱氏迁自福建南剑州，与理学大师朱熹同宗。现永嘉县境内的沙头、桥头、瓯北、陡门朱姓族人全部源于花坦。村庄外围高山峻岭，西侧开口朝向花坦，入口处茂密的森林阻隔，环境隐蔽，与世隔绝。自古村庄文风鼎盛，文人辈出。自宋朝至清朝，有10多人先后考取功名，最高官至御史。出有温州民间流传极广的“布衣文王”——朱墨瞿，他是宋朝宰相王十朋的老师。花坦村原有“乌府”“黄门”“奕世簪缨”“乡贤”“宪台”“钟秀”“公直淳良”“翕和”“溪山第一”“为公宣力”“鸢飞鱼跃”“松柏寒贞”等12座牌坊。除“松柏寒贞”外，都是为表彰学人而建。现在仅存“溪山第一”“乌府”和“宪台”3座，余已相继毁坏（金水英，2008）。

图 2.73　“宪台”牌坊

位于花坦村中心，四柱三层木构建筑，相传明武宗弘治十八年（1505年）温州知府李端为纪念任过四川按察司佥事的朱良以而建。牌坊明间两脊柱为方形石柱，外侧四角柱为方形木柱，次间有块石叠砌的台基，明间阑额与柱交接处均施雀替、丁头栱。牌坊用砖砌成清水花屋脊，两端饰龙吻兽；下檐垂脊上有垂兽，出际边沿有搏风板和悬鱼。

「乌府」牌坊

图 2.74 “乌府”牌坊

位于花坦村中心，仿端午门兴建。相传明朝正统年间，乌府朱公始祖与宪台始祖是同宗叔侄，官封京都御史。奸臣诬告乌府朱公始祖，宪台朱公始祖差亲信送四样东西（红枣、橘子、明矾、香）意喻“早、吉、还、乡”通风报信。乌府始祖奏本皇上因病告老还乡，皇帝准奏。临行端午门前回首对皇上说：“臣告老还乡，心里十分想念皇上，欲在家建造一座像端午门一样的房子，好像天天在皇上身边一样。”皇上准奏，赐名乌府。乌府祠堂七间前两横轩，头门匾额号“乌府”两个大字，分东、中、西三大门，东西轩和正堂之间二旁门，正门出入头门中央大门中，天井石阶横竖格式清秀，东西北三面石阶围绕，正堂阔广，堂桌威立，稳固壮丽。

「溪山第一」牌坊

图 2.75 “溪山第一”牌坊

牌坊位于村庄西侧，造型简单古朴，四柱单檐建筑，瓦脊略呈弧形，两端无鸱吻，阑额与木柱交结处亦无雕饰。牌坊后面有一棵高大的樟树，匾额上写着“谿山第一”，是明孝宗赐给布衣状元朱道魁（号墨瞿）的。村民们流传着：“状元通，王赞，自身通，梅瞿公。”

后记

与楠溪江结缘，源于参加工作后第一次带父母的自驾游。多年学习园林的我，惊叹于质朴的乡村田野间还有丽水街、芙蓉古村、芙蓉池亭如此精巧的山水美景。她们低调地述说着楠溪江千年的耕读文化和文人墨客山水情怀，从此这些成为萦绕在我心头的诗与远方。所以当要给这本书取个书名时，“谱写山水诗，绘景桃花源”，这句话直接从我嘴边蹦出来，信手拈来，水到渠成。之后的两三年，因工作原因，我又陆续参与了永嘉现代农业园区、田园综合体、美丽乡村等规划项目，走访了楠溪江流域多个传统村落，于是萌生了深入研究和创作的念头。2018 年暑假，在机缘巧合之下，我们收到永嘉县团委邀约，组建了“乡村振兴·永嘉传统村落调研及景观设计”暑期社会实践服务团，由此正式展开了楠溪江传统村落的调查与研究工作。近一个月时间，我带着三岁多的女儿和十来个学生开展了岩头镇、枫林镇、岩坦镇等地 20 多个村庄古村落的系统普测工作。那段时间，住在岩头镇街头的陆陆旅馆，吃着老板变着花样给我们做的饭菜，白天外出测绘，晚上整理画图是我们的生活常态。有时候画得比较晚，我们会边吃宵夜边和当地村民闲话阔论，过着简单又快乐的日子。活动结束之后，2018 年 9 月至 2019 年 8 月，我们又分批多次前往鹤盛镇、大若岩镇、沙头镇等其他地区开展调研，每次一去就是一个星期，收集了大量的一手资料，对楠溪江流域中游地区的传统村落也有了更深的理解和体会。

本书的创作主要是由教育部人文社会科学研究青年基金项目“楠溪江流域传统村落景观资源空间形态与保护研究”（编号：19YJC850005）和 2018 年度温州市哲学社会科学规划课题“楠溪江流域中游传统村落文化地理特征研究”（编号：18wsk189）基金项目支持。“浙南山区传统村落形态的类型学研究”“温州遗产乡土保护旅游开发与景观生态美学评价研究”“温州地域特色的乡村文化景观的表达策略研究”“地域文化景观在温州美丽乡村建设中的传承与利用研究”等科研项目提供了一部分的经费配套支持。调研过程中我们得到了永嘉团委、岩头镇、枫林镇、鹤盛镇、大若岩镇和沙头镇等人民政府的大力支持，并为本书的创作提供了不少数据资料和调研便利。温州科技职业学院现代农业规划研究所的传统村落研究课题组其他成员对本书提供了很多新颖的创造思路，在此一并感谢。

温州科技职业学院调研组成员主要有胡春、刘益曦、林墨洋、蒋子郁、任雷、汪洁、姜冠群、朱温妍、周博文、汪昱汎、陈挺、沈程丽、王铫铃、沈铭凯、周红艳。

胡　春

2019 年 9 月 11 日

本书编写组 . 古村落信息采集操作手册 [M]. 华南理工大学出版社 , 2015
曹迎春，张玉坤 .“中国传统村落”评选及分布探析 [J]. 建筑学报 , 2013(12):44–49.
陈志华 . 楠溪江中游古村落 [M]. 上海：生活・读书・新知三联书店 , 1999.
佟玉权 . 基于 GIS 的中国传统村落空间分异研究 [J]. 人文地理 , 2014, 29(04): 44–51.
冯志丰 . 基于文化地理学的广州地区传统村落与民居研究 [D]. 华南理工大学 , 2014.
郭超 . 枫林古镇传统聚落及其建筑研究 [D]. 同济大学 , 2010.
胡念望 . 楠溪江古村落文化 [M]. 北京 : 文化艺术出版社 , 1999.
黄斌全 . 江南丘陵传统乡村聚落的生态图示语言——以浙江楠溪江为例 [J]. 林业科技开发 , 2014, 28(03):137–141.
黄黎明 . 楠溪江传统民居聚落典型中心空间研究 [D]. 浙江大学 .2006
黄琴诗 . 楠溪江风景名胜历史变迁调查研究 [D]. 浙江农林大学 , 2014.
黄琴诗 , 朱喜钢 , 陈楚文 . 传统聚落景观基因编码与派生模型研究——以楠溪江风景名胜区为例 [J]. 中国园林 , 2016, 32(10):89–93.
黄诗贤 . 基于文化地理学的漳州地区传统村落及民居研究 [D]. 华南理工大学 , 2018.
黄笑丹 . 楠溪江传统村落保护与开发研究 [D]. 浙江海洋大学 , 2017.
纪小美 , 付业勤 , 朱翠兰 . 中国传统村落的地域分异与影响因素研究 [J]. 沈阳建筑大学学报（社会科学版）, 2015, 17(05):452–460.
金水英，朱华友 . 花坦村古村落的保护与开发研究 [J]. 农家之友（理论版），2008(07):8–10.
李聆睿 . 浙南传统村落形态的美学研析 [D]. 浙江农林大学 , 2016.
李晓云 . 浅析宗祠文化与公共文化的互嵌现象 [D]. 温州大学 , 2016
李彦洁 . 楠溪江流域传统乡土景观调查及保护研究 [D]. 浙江农林大学 , 2011.
李逸 . 楠溪江畔蓬溪村 [J]. 上海房地 , 2017(10):63.
芦原义信 (日). 街道的美学 [M]. 天津 : 天津凤凰空间文化传媒有限公司 , 2017:36–59.
林箐，任蓉 . 楠溪江流域传统聚落景观研究 [J]. 中国园林 , 2011, 27(11):5–13.
楼庆西 . 砖雕石刻 [M]. 北京 : 清华大学出版社 , 2011.
明廷和 . 苍鹰护翼千载盛，“四宝”励人百代兴 浙江永嘉宋代古村落苍坡村风水赏析 [J]. 中华建设，2018(04):66–68.
潘浩 . 楠溪江埭头古村落文化探析 [J]. 杭州文博 , 2012(02):37–40+180–181.
彭丽君 . 基于文化地理学的肇庆市传统村落及民居研究 [D]. 华南理工大学 , 2015.
邱丽萍 . 浙南历史文化信息的稀有宝藏——浅析枫林古镇的历史遗存 [A]. 中国博物

馆协会博物馆学专业委员会．中国博物馆协会博物馆学专业委员会2016年“博物馆的社会价值研究”学术研讨会论文集：2016:7. 任蓉．楠溪江中游古村落景观研究初探[D]. 北京林业大学，2010

夏腾飞．设计视野下楠溪江传统村落建筑外部空间研究[D]. 上海交通大学，2009.

谢丽曼．永嘉县楠溪江流域古村落保护对策研究[D]. 江西农业大学，2015.

辛建欣．人与村落环境的关系研究[D]. 苏州大学，2014.

徐高峰．“七星八斗”芙蓉村[J]. 浙江消防，2003(04):40–41.

颜益辉．广州南关街巷空间保护与更新研究[D]. 华南理工大学，2018.

永嘉县地方志编纂委员会．永嘉县志（上、下）[M]. 北京：方志出版社，2003–09

章禾，王凌旭，项金龙．浙江楠溪江古村落岩头村地理文化解读[J]. 城建档案，2017(05):102–104.

张如元．永嘉《鹤阳谢氏家集》内编考实（上）[J]. 温州师范学院学报（哲学社会科学版），1995(01):2–15+89.

曾艳．广东传统聚落及其民居类型文化地理研究[D]. 华南理工大学，2016.

赵映．基于文化地理学的雷州地区传统村落及民居研究[D]. 华南理工大学，2015.

周礼铭．温州楠溪江古村落保护制度研究[D]. 华中师范大学，2017.

《关于开展传统村落调查的通知》（建村〔2012〕58号）

《传统村落评价认定指标体系（试行）》（建村[2012]125号）

《关于公布第一批列入中国传统村落名录的通知》（建村〔2012〕189号）

《关于对拟作为第二批列入中国传统村落名录的村落名单进行公示的通知》

《传统村落保护发展规划编制基本要求》（建村〔2013〕130号）

《关于切实加强中国传统村落保护的指导意见》（建村〔2014〕61号）

《关于做好中国传统村落保护项目实施工作的意见》（建村〔2014〕135号）

《关于公布第三批列入中国传统村落名录的通知》（建村〔2014〕168号）

关于印发《中国传统村落警示和退出暂行规定（试行）》的通知（建办村〔2016〕55号）

《关于公布第四批列入中国传统村落名录的村落名单的通知》（建村〔2016〕278号）

《关于公布第五批列入中国传统村落名录的村落名单的通知》（建村〔2019〕61号）

《关于加强贫困地区传统村落保护工作的通知》（建办村〔2019〕61号）

《历史文化名城名镇名村保护条例》

关于印发《浙江省村庄整治规划编制内容和深度的指导意见》的通知（建村发〔2007〕272号）

关于发布《浙江省传统村落保护技术指南》的公告（浙建建发〔2019〕5号）

关于发布《浙江省传统村落保护发展规划编制导则》（浙建建发〔2019〕8号）

《楠溪江风景名胜区总体规划（修编）（2009–2025）》

《永嘉县美丽乡村建设总体规划》